学。奥妙无穷 ▶

U0582000

# 一花一世界

YIHUAYISHIJIE

周丹 编著

中国出版集团
现代出版社

目

录

目 录

目

录

# ● 花的定义

## 什么是花？ ＞

花是被子植物（被子植物门植物，又称有花植物或开花植物）的繁殖器官，其生物学功能是结合雄性精细胞与雌性卵细胞以产生种子。这一进程始于传粉，然后是受精，从而形成种子并加以传播。对于高等植物而言，种子便是其下一代，而且是各物种在自然分布的主要手段。同一植物上着生的花的组合称为花序。

"花"在生活中亦常被称为"花朵"或"花卉"。广义的花卉可指一切具有观赏价值的植物（或人工栽插的盆景），而狭义上则单指所有的开花植物。除了作为被子植物的繁殖器官，花卉还一直广受人们的喜爱和使用，主要用于美化环境，而且还作为一种食物来源。

## 植物为什么要开花 〉

植物开花是为了结果，繁殖后代。花的结构基本相同，都是由一圈圈同心的萼片、花瓣和花蕊组成。萼片与茎连接，通常呈绿色，包裹并保护花蕾，直至花儿开放。种子成熟后，落在适宜的土壤里，长出新的植株。

花是被子植物的有性繁殖器官，对于植物来说，它的整个生命过程本质上是一个繁衍后代的过程，花在繁殖过程中起到至关重要的作用。植物开出鲜艳芬芳的花朵吸引昆虫来传播花粉，完成受精过程进而产生种子。也正是由于花的重要作用，花进化的先进与否直接关系到该植物物种的延续。

不是所有植物都开花，只有比较高等的种子植物（裸子植物和被子植物）才通过开花的方式结出种子，数量众多的孢子植物都不开花，而是通过分裂孢子繁衍的，如各种藻类、菌类（蘑菇）、苔藓、地衣和蕨类都是不开花的植物。不开花的孢子植物虽没有种子，但它可以通过向空中释放成千上万个活性小颗粒孢子来繁衍后代。有花植物的繁殖方式较孢子植物高级，它通过自身或外界授粉后，结出果实，果实保护着种子，就又是一株新植物的诞生。还有一部分有花植物不是通过种子繁殖后代，而是利用自己的根、茎或叶，把这些部位的一部分转化成新的植物体。所以说，不管植物开花还是不开花，都不会影响它们的繁殖和生长，开花和不开花只是植物种类不同而已。

## 花是怎样绽开的 〉

花的芽体是一种被塞满了的"小提箱"。它由一层坚韧的外皮覆盖着，能防止它受到伤害。在里面，花的不同部分被紧紧地裹起来，因此它们仅占据很小的空间。当芽体生长时，花在里面展开。很快，花开始变大，以至于芽体不能再容纳它们，然后它们开始绽放出美丽的花朵。

# 花的结构

从本质上说，花的结构是由顶端分生组织的花芽和"体轴"分化形成的。花可以以多种方式着生于植物上。如果花没有任何枝干，而是单生于叶腋，即称为无柄花，而其他花上与茎连接并起支持作用的小枝则称为花柄。若花柄具分支且各分支均有花着生，则各分支称为小梗。花柄的顶端膨大部分称为花托，花的各部分轮生于花托之上，四个主要部分从外到内依次是：花萼、花冠、雄蕊群、雌蕊群。

## 花萼 >

花萼位于最外层的一轮萼片，通常为绿色，但也有些植物呈花瓣状。它在花朵尚未开放时，起着保护花蕾的作用。

花萼是一朵花中所有萼片的总称，包被在花的最外层。萼片多为绿色而相对较厚的叶状体，内含稍分枝的维管组织与丰富的绿色薄壁细胞，但很少有栅栏组织与海绵组织的分化。在有的植物中，花萼可能特化成大而有鲜艳颜色的瓣状萼（类似花瓣），如乌头、白头翁。委陵菜、草莓、棉等的花除花萼外，外面还有一轮绿色的瓣片，称副萼，相当于花的苞片。

花萼萼片数目往往因科、属不同而异。萼片多为绿色，呈叶片状，其结构是由含叶绿体的薄壁细胞组成，所以萼片是一变态叶。

有的植物花萼大而具彩色，有利于昆虫传粉，如铁线莲；一朵花的萼片各自分离，称离萼，如白菜花；彼此联合的称合萼，如丁香花。

通常在花开放后萼片脱落，但有些植物花开过后萼片不脱落，直存到果实成熟，叫宿存萼，如蕃茄、柿、茄等。

宿存萼有保护幼果的功能。蒲公英的萼片变成毛状，叫冠毛，有助于果实和种子的散布。有的植物花萼的一边引伸成短小管状突起，叫做距，如凤仙花、旱金莲等植物的花就有距。

代表性的植物有：紫茉莉、倒挂金钟、鹤望兰。

## 花冠 〉

花冠与萼片比相对较薄，结构与萼片相似而缺少叶绿体。花瓣的鲜艳色彩主要来源于细胞中的有色体与液泡中的花青素类色素（类黄酮）。在含有色体时，花瓣常呈黄色、橙色或橙红色；而含花青素的花瓣常显红、蓝、紫等色(主要由液泡内细胞液的酸碱度所决定)。二者的结合使被子植物的花色彩缤纷，二者都不存在时花瓣则呈白色。花瓣的表皮细胞内常含有挥发油，使花发出各种特殊的香气。花瓣基部常有蜜腺存在，可以分泌蜜汁以吸引昆虫。花瓣在很多情况下是同型的，例如毛茛、海棠、山桃的花，花瓣的形状、大

小相同，称为整齐花。但在有些类群中，花瓣常发生明显的分化，例如豆科植物豌豆、黄芪等的花瓣分化为形态大小不等的旗瓣、翼瓣与龙骨瓣，兰科植物的内轮花瓣中有一片特化为大而美丽的唇瓣等，这种类型的花称为不整齐花。有的花瓣上延伸出或长或短的管状突起，称为距，如紫花地丁、楼斗菜、凤仙花等。有的植物花瓣分化为檐部与瓣爪两部分，即花瓣上部扩大形成檐部，花瓣基部狭缩形成瓣爪，例如石竹、油菜的花。有时花瓣会特化为特殊形态的蜜叶而失去原有的形态，例如乌头属植物的花瓣。在某些植物的花中，

12

在花瓣和雄蕊之间存在着额外的花瓣状或冠状附属结构，称为副花冠，例如马利筋、水仙的花。

与萼片相似，花瓣也可能彼此分离或相互联合，花瓣分离的花称离瓣花，如玫瑰、当归；花瓣联合的花称合瓣花，联合的部分称为花冠管，上端分离的部分称为裂片，如牵牛、丹参等。

花瓣的形态、排列与联合情况的不同常使花冠形成多种特定的形状，成为某些分类群的明显特征而具有鉴别意义。

花冠分为以下类型：

十字花冠：花瓣4，具爪，排列成十字形（瓣爪直立，檐部平展成十字形），为十字花科植物的典型花冠类型，如二月蓝、菘蓝等。

蝶形花冠：花瓣5，覆瓦状排列，最上一片最大，称为旗瓣；侧面两片通常较旗瓣为小，且与旗瓣不同形，称为翼瓣；最下两片其下缘稍合生，状如龙骨，称龙骨瓣。常见于豆科植物如黄芪、甘草、苦参等。

唇形花冠：花冠下部合生成管状，上部向一侧张开，状如口唇，上唇常2裂，下唇常3裂。常见于唇形科植物如薄荷、黄芩、丹参等。

高脚碟形花冠：花冠下部合生成狭长的圆筒状，上部忽然成水平扩大如碟状。常见于报春花科、木犀科植物，如报春花、迎春花等。

漏斗状花冠：花冠下部合生成筒状，向上渐渐扩大成漏斗状。常见于旋花科植物如牵牛、

钟状花冠：花冠合生成宽而稍短的筒状，上部裂片扩大成钟状。常见于桔梗科、龙胆科植物，如桔梗、沙参、龙胆等。

辐状花冠或轮状花冠：花冠下部合

生形成一短筒,裂片由基部向四周扩展,状如轮辐。常见于茄科植物如西红柿、马铃薯、辣椒、茄、枸杞等。

管状花冠:花冠大部分合生成一管状或圆筒状。见于菊科植物如向日葵、菊花等头状花序上的盘花(靠近花序中央的花)。

舌状花冠:花冠基部合生成一短筒,上部合生向一侧展开如扁平舌状。见于菊科植物,如蒲公英、苦荬菜的头状花序的全部小花,以及向日葵、菊花等头状花序上的边花(位于花序边缘的花)。

## 没有花瓣的花——血桐

血桐,别称流血桐、毛桐、山桐子、橙桐、橙栏、红合儿树、大冇树及帐篷树等,为大戟科血桐属植物。血桐的英文名称 Elephant's Ear,源自于血桐的叶形状似小象的耳朵。而当血桐的树干表面受损时,流出的树液及髓心周围经氧化后会转变成血红色,状似流血一样,故而得名。

血桐的花没有它的名字那么耀眼,雌雄异株,花细小,花萼淡绿色,没有花瓣,聚生于叶腋位置,没有芬芳,也无艳丽。但这并不影响血桐实实在在的功效,其木材轻软,可供建筑及制造箱板;树皮及叶的粉末可当防腐剂;树叶可当羊、牛或鹿的饲料;此外它的树皮和根部可入药,分别有治疗痢疾和咳血之效。血桐分布于全国各地,树冠整齐,生长迅速,是良好的景观美化材料。

## 雄蕊群 >

雄蕊群是一朵花中全部雄蕊的总称。

如有4枚雄蕊，其中2枚花丝较长，2枚较短，称二强雄蕊，如唇形科和玄参科植物；如一

各类植物中，雄蕊的数目及形态特征较为稳定，常可作为植物分类和鉴定的依据。一般较原始类群的植物，雄蕊数目很多，并排成数轮；较进化的类群，数目减少，恒定，或与花瓣同数，或几倍于花瓣数。在一朵花中，

朵花中有6枚雄蕊，其中4长2短的，称四强雄蕊，如十字花科植物，另外，雄蕊中花丝或花药部分，常有并联现象，假如花药完全分离，而花丝联合成一束的，称单体雄蕊，如蜀葵、棉花等；花丝并联成为两束的，称二

体雄蕊,如蚕豆、豌豆等;花丝合为3束的,称三体雄蕊,如连翘;合为4束以上的称多体雄蕊,如金丝桃和蓖麻等。相反,花丝完全分离,而花药相互联合,称聚药雄蕊,如菊科、葫芦科植物。

每一个雄蕊,通常由花药和着生它的一个细的花丝组成。花药在花丝上的着生方式可分为:全着药,花药全部着生于花丝上,如莲;基着药,仅花药基部着生于花丝顶端,如莎草、小檗;背着药,花药的背部着生于花丝顶端,如油桐;丁字着药,花药背部中央一点着生于花丝顶端,易于摇动,如小麦、水稻等。

花药是花丝顶端膨大呈囊状的部分,是雄蕊产生花粉的主要部分。大多数被子植物的花药是由4个花粉囊(少数植物为2个)组成,分为左、右两半,中间由药隔相连。在成熟的花药中,同侧的两个花粉囊之间的分隔被打破,形成一

室,使4个花粉囊的花药现出两个花粉囊的样子。

花丝是雄蕊的一部分。为支撑着花药的结构。一般呈丝状,但也有合生为筒状的(如大部分锦葵科和豆科)。通常有一个维管束。花丝与花的生殖无直接关系,其主要作用就是支持花药,并把花药托展在一定空间,以利于传粉,其次就是为花药输送养料。花丝的长短依植物种类而不同,一般同一朵花中的花丝是等长的。但也有例外,如十字花科植物,其雄蕊称四强雄蕊,即一朵花的6枚雄蕊,4长2短。

16

## 雌蕊群 >

雌蕊群是一朵花内雌蕊的总称，可由一个或多个雌蕊组成。组成雌蕊的繁殖器官称为心皮，包含有子房，而子房室内有胚珠（内含雌配子）。一个雌蕊可能由多个心皮组成，在这种情况下，若每个心皮分离形成离生的单雌蕊，即称为离心皮雌蕊，反之若心皮合生，则称为复雌蕊。雌蕊的黏性顶端称为柱头，是花粉的受体。花柱连接柱头和子房，是花粉粒萌发后花粉管进入子房的通道。

大多数植物的花都同时具有雌蕊和雄蕊，这在植物学上称为"完全花"、"两性花"或者"雌雄同花"。不过，也有一些植物的花是"不完全花"或"单性花"，即只有雄蕊或雌蕊的花。此种情况下，如果雌花与雄花分别生长在不同的植株上，则称为"雌雄异株"。相反，如果单性的雄花和雌花同生于一植株，则称为"雌雄同株"。

有些植物的花单生于植株上，而有些植物的花则簇生于植株，对于后者而言，这些花若按照一定规律排列于花轴上，便形成了"花序"。在这一点上，必须要注意"花"的实际概念。从植物学角度看，一朵菊花或向日葵并不是一朵花，而是一头状花序，即由许多小花组成的花序，而且其中的所有小花都具有前文提及的结构。有些花具有辐射对称性，亦即如果其花被以任何角度通过中央轴线一分为二，所得的两半都是对称相等的，称为辐射对称花或整齐花，例如月季和桃花。还有些花只能按一个角度切得两个对称面，则称左右对称花或不整齐花，例如金鱼草和大部分兰花。花的形状千姿百态，大约25万种被子植物中，就有25万种的花式样。

17

# ● 花的演化

一些已灭绝的裸子植物，尤其是种子蕨类植物，被认做是被子植物的祖先，但尚无连续的化石证据准确地显示花的进化过程。这种相对较为现代的花在化石记录中的突然出现，给进化理论带来了不小的困扰，以至于被达尔文称做是"恼人之谜"。不过，近年来发现的古果等被子植物化石，以及裸子植物化石的进一步发现，为被子植物特征的形成过程带来了新的提示。虽然能直接证明花朵已存在了1.3亿年的证据寥寥无几，但同时却也有旁证显示它们已有2.5亿年的历史。在大羽羊齿类植物等古老的化石植物上，竟发现了齐墩果烷这种植物用来保护其花朵的化学物质。

一般认为，花的生殖过程自始就与其他动物有关。花粉传播并不需要鲜艳的颜色和明显的形状，除非另有他用，否则这样只会是个累赘，平白地浪费了植物的养分。一种假说认为，花外观的突然形成是其在岛屿或岛链之类的孤立地域演化的结果。在那里，有花植物可以和某些特定动物（如黄蜂）发展出共生关系，最终导致植物和其共生同伴间高度的特化。

时至今日，花的进化仍在继续。人类对当今的花造成的影响巨大，甚至使得不少花无法自然传粉。现在的许多观赏花卉曾经不过是些杂草，在地面受干扰时才会发芽，还有些喜欢与农作物共生。此外，最漂亮的花往往因其美丽而免于拔采，从而形成了对人工选择的特殊适应。

## 世界上最古老的花 >

　　1.45亿年前盛开在中国辽西地区的"世界最早的花"——辽宁古果、中华古果，新近被确认属于迄今最古老的被子植物（有花植物）新类群"古果科"。这种被子植物的形态特征较之它的时代更为令人惊奇。按植物学界传统理论，被子植物是从类似于现生木兰植物的一类灌木演化而来的，然而，"中华古果"却是一种小的、细嫩的水生植物，更像是草本植物。这种被子植物虽具有花的繁殖器官，却没有色彩夺目的花瓣。

　　这一重大发现是全球被子植物起源与早期演化研究的新突破。2002年5月7日出版的美国《科学》杂志，以封面文章的重要位置，刊登了这项成果的领衔科学家、吉林大学孙革教授和中国地质学院季强研究员等人的论文。

　　辽宁古果化石是孙革教授率领的课题组于1998年在辽西北票地区发现的迄今"世界最早的花"。与其同一地质时期的中华古果化石，是孙革与季强等人于2000年在辽西凌源地区发现的。科学家将这一现已灭绝的古老的被子植物类群，确立为早期被子植物的新科——"古果科"。

## 南美发现0.5亿年前太阳花化石酷似梵高向日葵 〉

科学家是在巴塔哥尼亚西北部干燥风化大草原的远古岩石中发现这种美丽、保存完好的远古花卉化石。乍看之下0.5亿年前太阳花化石的色彩和形状非常像梵高的绘画作品,这一相似性并非偶然,并证实这种0.5亿年前的花卉是现代雏菊和太阳花的祖先物种。

科学家认为这一远古植物属于紫菀属植物(Asteracaea),它包括雏菊、太阳花和蒲公英,这是地球上最具多样性的有花植物。其他少见的紫菀属植物包括菊花、莴苣和洋蓟。据悉,此前发现的远古紫菀属植物只有一些花粉化石残骸。

# ● 花的名字

获得广泛接受但通常没有科学来源的名称统称为花卉的普通名称，简称为普通名，如菊花、紫罗兰等。普通名称的取名方式多种多样，例如有些是根据花朵的形态来取名，像鸡冠花、舞女兰等；有些根据开花的季节来取名，如春兰、秋兰等；有些根据译音，如康乃馨等；还有其他的取名方式。事实上，有些花卉当人们还不认识它们的时候，它们的名字就因文学或影视作品的出版发行而名声远扬了，如紫罗兰、郁金香等花名。花卉的普通名称虽然被广泛地承认和接受，但是它们往往存在一花多名，异花同名等现象，因而容易使人们产生混淆，不利于交流和贸易。

对于花卉的学名，按照《国际栽培植物命名法规》，是以属—种—栽培品种三级划分而成的。属名与种名由拉丁文或拉丁化的词组成，在印刷体上为斜体字。品种名称不用斜体字，它又有两种写法：一种是在品种名称前面加上一个缩写符号"cv."；另一种是直接在品种名称上加上单引号。不像普通名称，每一种花卉都只有一个学名，这样，在交流、贸易、科研等场合上就排除了被弄错的可能性。

## 名字独特的"大花老鸦嘴" ❯

有句俚语说："不怕生错命，就怕改错名"。可见取一个动听吉利的好名字多么重要。但眼前这种开漂亮的蓝色花儿的植物却有个让人啼笑皆非的名字——大花老鸦嘴，让人很容易联想起"乌鸦嘴"这类不吉利的词语。其实，只要您见到它那美丽动人的花儿，名字产生的不良印象随之改变。相反，比起个性模糊的名字，这个名字倒是很让人印象深刻。

大花老鸦嘴，又名大邓伯花、大花山牵牛，是爵床科山牵牛属的常绿植物，原产孟加拉、泰国、印度、中国，广植于热带和亚热带地区。

大花老鸦嘴叶对生，阔卵形，两面粗糙、有毛，叶缘有角或浅裂。花大，腋生，多朵单生，下垂成总状花序，花冠长5—8 cm，喇叭状，初花蓝色，盛花浅蓝色，末花近白色。蒴果下部近球形，上部具长喙。

大花老鸦嘴全株有药用价值，其中根皮可用于跌打损伤、骨折、经期腹痛、

腰肌劳损；茎、叶可用于蛇咬伤、疮疖；叶还可以治胃痛。大花老鸦嘴生性粗壮，花朵繁密，成串下垂，花期较长，适合于大型棚架、中层建筑、篱垣的垂直绿化。

## 十万错：止血救人没有错 ❯

十万错，别名盗偷草、跌打草，为双子叶植物药爵床科植物十万错的全草。用于跌扑骨折、瘀阻肿痛，为伤科药，治痈肿疮毒及毒蛇咬伤，无论内服、外敷，皆有一定功效，以鲜品为佳。用于血热所致的各种出血症，并有止血不留瘀的特长，对出血兼有瘀者尤为适宜。常用于创伤出血。

# ● 花与温度

### 植物怎样感知春天 ❯

植物感知春天主要从三个方面。

一是气温。这是最主要的因素。随着春天到来,气温逐渐升高,万物复苏,树木通过一定温度的刺激,造成某种抑制激素的破坏和促进生长激素的合成,形成了适当的激素平衡,使生长重新开始。同一种树木,在南方萌芽、长叶的时间总比北方早,主要就是南方的春天总比北方来得早。

二是"冷量"的足够积累。有很多树木是靠"冷量"的积累,自然感知春天到来的。比如苹果树,需要在0℃左右,度过1000—1400小时。也就是说,有了这个温度和时间,才能安全度过它的"休眠期",此后它才对气温升高和日照变长等代表春天的信息作出反应。科学家反复研究证实一棵丁香树上只有一个胚芽积累了足够的"冷量",才有一个芽开花。苹果为什么只适应北方的气候,南方就长不出苹果,道理就在这里。

三是光周期现象。光周期现象,能引起树木及树木种子内部变化。当树木的种子、茎叶感受到了适当的昼夜长度周期后,胚芽和枝尖就会分泌促进生长的物质,并随着光合产物输送到敏感的生长点,这也就是种子能长出胚芽,树木枝头逐渐变青,常绿树木能长出新叶,花儿在春天绽放的道理。

## 花与温度有什么关系? ⟩

温度是影响花卉生长发育最重要的因子之一。植物生长的温度范围一般为4—36摄氏度，以15—30摄氏度最适，但因植物种类和发育时期不同，对温度的要求也有较大的差异。在一定范围内，温度越高，植物的呼吸和光合作用就越旺盛。在10—35摄氏度之间，每增加10摄氏度，生命活动的强度则增加1—2倍，在30—40摄氏度时呼吸作用最强。但气温过高，呼吸的消耗超过了光合作用的合成，则植株生长衰弱。每一种花卉，对温度的要求都有三个基本点，即最低温度、最适温度和最高温度。当温度超过植物所能忍受的最高和最低温度极限时，植物的正常生理活动及其同

化、异化的平衡就会被破坏，致使部分器官受害甚至全株死亡。

任何物体都是有温度的，植物也一样，当然也有体温了。只不过植物是"冷血"的，"体温"会随外界气温而变化，但它能够吸收和储存部分光能而不至于积累过多热量而烧叶，所以植物没有固定的体温。

25

YIHUAYISHIJIE

## 世界上最不怕冷的花——雪莲 〉

雪莲生长在海拔4800米—5800米的雪山雪线附近的碎石间，耐低温抗风寒，即使在零下50摄氏度，雪莲也能正常开花。

雪莲是一种名贵中草药，生长在我

生长在海拔4500—5000米以上的乱石滩上。这里石屑成堆、山风强劲、气候瞬息万变，又有强烈的紫外线辐射，是一般植物无法生存的。雪莲的植株矮而茎短粗，叶子贴地而生，上面还长满了白色的绒毛，可以防寒、抗风和防止紫外线的照射。雪莲的根十分发达，可有效地插入石缝中吸取水分和养料。每年7月，雪莲还开出大而艳丽的花朵。它的花冠外面长着数层膜质苞叶，用来防寒、保持水分和反射紫外线的照射。每当天气晴朗，阳光

国终年积雪的西北天山和西藏的墨脱一带。雪莲有不同的种类：有像洋白菜的苞叶雪莲，有植株俯伏在地上的三指雪莲。它们不畏严寒，迎风傲雪，生机勃发，人们把它视为坚韧不拔精神的象征。雪莲

灿烂时，雪莲尽情舒展着自己的叶片和苞叶，给雪地高原带来一片生机。

## 世界上最耐高温的花——非洲的野仙人掌花 ＞

　　仙人掌外表布满针刺，可在灼热的沙漠上茁壮生长，仙人掌在适应的条件下，一般都会开花，但由于其花期短，不同种类的花期差别大，所以多数人可能没目睹过其真容。这些荒漠中的生命之花或艳橙、或嫩黄、或粉红，花色多变，花形奇特，娇艳中仿佛带着妖娆，令观者遐想无边。

## 雪山奇葩——"绿绒蒿" >

绿绒蒿，对大多数人来说这是个陌生的名字，因为她身居高山幽谷，在一般城市庭园中无法找到她的踪迹，就连树林或丘陵也看不到她的身影。然而，但凡瞻仰她芳姿的人，无不为之倾倒。在那百草不生、冰霜凛冽，海拔高达5000m的流石滩中，她竟能昂首挺立，开放出艳丽夺目的花朵，在高原之巅独领风骚。这就是绿绒蒿的惊艳之所在！

绿绒蒿为罂粟科绿绒蒿属一年生草本，因全株长满绒毛或刚毛而得名，她与大名鼎鼎的罂粟属同一家族，乃云南八大名花之一。绿绒蒿的家族兴旺，共有49种，除1种产于西欧外，其余均分布在我国喜马拉雅山和横断山脉海拔

3000—5000m的雪山草甸、高山灌丛或流石滩上。带长柄的叶片呈莲座状分布，植株低矮，其貌不扬，然花葶高高矗立，花生于顶端，大而艳丽，色彩绚烂，姿态各异。人称"高山牡丹"，欧洲人推崇为"世界名花"，在西方，她还有一个特殊的名字——"蓝罂粟"。

绿绒蒿不仅花色艳丽，具有很高的观赏价值，而且有些种类尚可入药治病。

如全缘叶绿绒蒿、尼泊尔绿绒蒿等，可全草入药，具有清热解毒的功效；总状绿绒蒿的根入药，可治气虚、浮肿、哮喘等症，具有补中益气的作用，人称"雪参"。

令人遗憾的是，由于种种原因，像绿绒蒿、报春、龙胆等这些出类拔萃的高山奇花异卉，长期以来尚被埋没于人迹罕至的崇山峻岭之中。

> ### 能自己发热融雪的西方臭崧

西方臭崧生长在太平洋西北地区潮湿的溪流附近，它们是春季里最早开放的植物。十分奇特的是，西方臭崧能够产生热量，在冬季它产生的热量可以融化附近的雪，从而幸存下来。

# 花与时间

### 花的生长过程 〉

花形成的时期(或称为花芽的分化时期)和方式是由植物内在的遗传基因决定的。植物只有完成营养生长，并在某种外界环境下，达到一定的生殖阶段时，才能成花。植物生长到一定阶段后能否成花，在大多数情况下，是由光照和温度等环境因素决定，许多植物对昼夜相对长度的变化（光周期）和温度有一定的需要范围，在这两种因素的综合影响下，进入生殖时期。

在顶端诱发成花的时候，原来营养茎端的分生组织细胞发生很大的变化。这时细胞质明显的变得浓厚，原来具有的大液泡，分散成为许多小液泡。其他细胞器，特别是线粒体数目大为增加，细胞的呼吸作用增强。之后，小液泡又明显增多变大，并伴有细胞核的增大，核仁的体积也显著增加。在这种增大的细胞核内，分散的染色体和浓缩的染色质的比率，在诱发的分生组织要比营养茎端上的高。这时顶端分生组织的细胞内，RNA合成加速，随着新的核糖体的形成，总蛋白质数量也增加。另外，早期随着成花因素的刺激，顶端分生组织的细胞分裂十分旺盛，有丝分裂指数骤然升高。

诱发期后，也激起了DNA的合成和

进一步的有丝分裂活动。这样，细胞的数量大为增多，从而发生出花原基。上述这一发生过程，也就是通常指的花形态发生时期。成花的分生组织的发生顶端分生组织在进入到生殖时期后，有相当明显的形态改变。这些变化与营养阶段无限生长的停止和各种方式产生侧生附属器有密切关系。在营养生长时期，顶端分生组织在新的叶间隔期开始以前，向上生长和增宽。相反，在花发育时，顶端分生组织随着花器官的连续发生，面积逐渐减少。有些花在心皮发生以后，还存留一些数量的顶端分生组织，但是停止了活动，而有的植物，则是由顶端分生组织的顶端部分产生心皮。根据花的不同类型，花器官可成螺旋顺序向顶端发生；或者某一种器官（例如花瓣），在同一水平上形成一轮或两轮，然后另一器官如雄蕊群，紧接着发生。

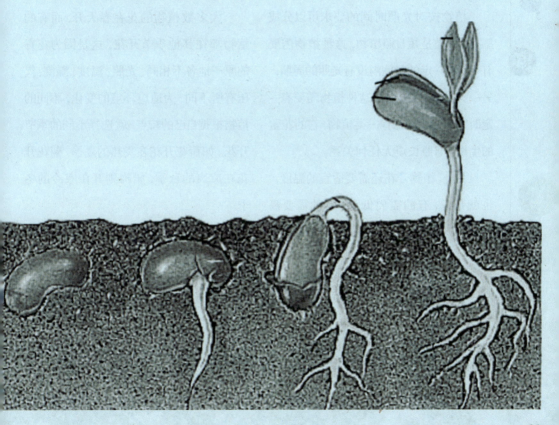

## 为什么植物总在一定的时期开花？>

花的形成过程划分成两个阶段，即花蕾形成阶段和花蕾开放阶段。

植物在长出花蕾时，是植物发生重要变化的时期。在此期间，植物会受到各种条件的影响，其中最重要的是温度和日光的照射时间。

植物按对光照时间的要求可以分成三类。一类是短日照植物，这种植物需要有一个在一定的时间内没有光照的周期；另一类是长日照植物，这种植物需要有一定时期的光照；还有一类植物，它的花蕾的生长与日照长短无任何关系。

另外，植物开花还需要适宜的温度，也就是说，有的需要低温，有的需要高温。植物为了在各种条件下顺利生长，便适应了环境，将开花期固定下来。我们知道，花蕾长出后不一定很快就开放，像郁金香、樱花等就是秋天长花蕾，等到来年春天才开花。有些植物也可利用人工的办法，让它提前或推迟开花的时间。

大多数植物的花在春天开，而有的植物却在其他季节开花，这是因为花卉的原产地各不相同，光照、温度、湿度、气压有所不同，为适应环境的变化，不同的植物根据自己的特点，就选择不同的季节开花。如荷花开花在炎热的夏季，菊花开花在凉爽的秋季，腊梅则开在寒冷的冬季。

## 为什么大多数植物在白天开花？ >

　　大多数植物的花，都是在太阳出来以后才开放的，在傍晚或夜间开的花只是少数。清晨，在阳光下，花的表皮细胞内的膨胀压加大，上表皮细胞(花瓣内侧)又比下表皮细胞(花瓣外侧)生长快，于是花瓣就向外弯曲，花朵就开放了。经过一天的风吹日晒，植株的蒸腾量加大，花朵表皮细胞内的水分丧失很多，花由于膨胀压的降低而萎谢。夜间，由于气温降低，湿度增大，植物从根部吸引的水分恢复花表皮细胞内的膨胀压，使花又在第二天继续开放。

　　在白天的阳光下，花瓣内的芳香油易于挥发，能吸引许多昆虫前来采蜜，为它们传粉，有利于植物的结籽和传宗接代。白天开花的植物，主要是依靠蜜蜂和蝴蝶进行传粉的。蜜蜂"上工"最早，那些靠蜜蜂传粉的花便先敞开花朵来欢迎它，如唇形科的一串红和玄参科的金鱼草等；蝴蝶要到上午9、10点钟才翩翩起舞，依靠蝴蝶传粉的花便在9、10点钟以后开放。

　　所以，植物的白天开花，是长期适应外界生活环境而形成的一种遗传特性。

### 为什么千年古莲能开花？ >

埋在地下已千年的古莲，一旦出土，只要环境适宜，也能开出花来，这是为什么呢？因为古莲子有一层坚硬的外壳，可完全防止水分和空气的内渗或外泄；古莲子上有一个小气孔，里面贮存着氧气、二氧化碳和氮气；古莲子内还含有少量的水分和丰富的营养成分。这些使它具有极强的生命力。所以，千年古莲子能开花也就不足为奇了。

> **一百年才开一次的花**

南美洲的安第斯山脉生长的一种名叫莱蒙蒂的植物，开一次花要历经近100年的时间。它的穗状花轴高达10-12米，花茎上端直径1米，开花约1万朵，从下而上需要3个月才能开完。

> **寿命最长和最短的花**

世界上寿命最短的花是小麦的花，它只开5分钟到30分钟就谢了。世界上寿命最长的花，要算生长在热带森林里的一种兰花，它能开80天。

34

## 与月亮有约——美丽月见草 >

因其在傍晚时开放，次日日出则渐渐凋萎，因此得名美丽月见草，又叫粉晚樱草。来自柳叶菜科月见草属，该属含物种约119种，分布在北美、南美及中美洲温带至亚热带地区，我国各地均有栽培。

美丽月见草属多年生草本，茎扁圆形，细弱，多分枝，株高可达1.2m，初直立，后易倒伏。花大、美丽、辐射对称，花色初开时淡粉，后转水红，有明显的紫红色羽状脉。叶互生，叶片长圆状或披针形，两面被白色柔毛。蒴果圆柱状，常具4棱或翅，种子多数。花期4—10月，盛花期5—6月。美丽月见草花开美丽，香气宜人，轻盈娇艳，适于点缀夜景。且具有非常强的自播繁衍能力，可做大面积的景观布置，也可作为花坛花卉栽培。

## 花中睡美人——睡莲 〉

睡莲又称子午莲、水芹花，是属于睡莲科睡莲属的多年生水生植物，睡莲是水生花卉中名贵花卉。外形与荷花相似，不同的是荷花的叶子和花挺出水面，而睡莲的叶子和花浮在水面上。睡莲因昼舒夜卷而被誉为"花中睡美人"。睡莲的用途甚广，有食用、制茶、切花、药用等用途。睡莲为睡莲科中分布最广的一属，除南极之外，世界各地皆可找到睡莲的踪迹。睡莲还是文明古国埃及的国花。睡莲切花离水时间超过1小时以上可使吸水性丧失，而失去开放能力。

## 鲜花报时 >

　　瑞典著名植物学家林奈按照花开的时间先后，把各种花种在花池里。这些花各在大致一定的时间开放。蛇床子开花是2点左右；牵牛花是5点左右；野蔷薇开花是6点左右；蒲公英开花是8点左右；太阳花开是12点左右；万寿菊开花是15点左右；草茉莉开花是17点左右；夜繁花开是20点左右；丝瓜花开是21点左右。如果你仔细观察，还会发现许多植物开花时间的规律，可以用来制造更精确的林奈式"鲜花时钟"。

# ● 花与颜色

## 花朵美丽的颜色是怎么形成的 〉

花冠万紫千红、艳丽多彩是因为在花瓣细胞液里含有花青素和类胡萝卜素等物质。花青素是水溶性物质,分布于细胞液中。这类色素的颜色随着细胞液的酸碱度变化而变化。花青素在碱性溶液中呈蓝色,在酸性溶液中呈红色,而在中性溶液中呈紫色。因此,凡是含有大量花青素的花瓣,它们的颜色都在红色、蓝色、紫色之间变化着。黑色花瓣内也含有花青素,细胞液呈强碱性时,花青素在强碱的条件下呈现出蓝黑色或者紫黑色。类胡萝卜素有80多种,是脂溶性物质,分布于细胞的染色体内,花瓣的黄色、橙色、橘红色,主要是由这类色素形成。如黄玫瑰含有胡萝卜素则呈现黄色,金盏花里含有另一种类胡萝卜素而使花冠变成梅黄色,在郁金香花中的类胡萝卜素则使花冠呈现出美丽的橘红色。细胞中含有黄酮色素或者黄色油滴也能使花瓣呈现黄色。细胞液中含有大量叶绿素则呈现绿色。

洁白色的花瓣是因为细胞中不含有任何色素,只是在细胞间隙中隐藏着许多有空气组成的微小气泡,它能把光线全部反射出来,所以花瓣呈现白色。复色的花,含有不同种类的色素,它们在花上分布的部位不同。花瓣由含有各种不同色素的细胞镶嵌而成,使一朵花上呈现出多种不同颜色,从而使得花朵绚丽多彩。

人们常见的一些花,从开花到衰败,花色是在不断变化的,如牵牛花初开的时候为红色,快凋谢的时候变成紫色,也和花瓣中的细胞液酸碱度、温度变化有关系。

38

## 为什么高山上的植物花色特别艳丽 ＞

在不太寒冷、不太干旱的高山上，那里的花的颜色比平地上花的颜色更艳丽，这是什么原因呢?因为高山上海拔比较高，那里的紫外线就特别强烈。紫外线能破坏植物的染色体，进而破坏植物的整个代谢反应，对植物的生存是很不利的。高山植物由于要适应这种严峻的生活环境，就产生了大量的类胡萝卜素和花青素来进行对抗。这两种物质能大量吸收紫外线，使植物能够正常生长。因为类胡萝卜素能使花朵呈现鲜明的橙色和黄色，花青素则使花朵呈现红色、蓝色、紫色等，这些红、黄、蓝、紫的颜色同时出现在花朵里，在阳光的照射下，就会显得十分鲜艳。这就是高山上的植物花色比平地上的植物花色更艳丽的原因。

## 为什么有些花颜色鲜艳或有香味 〉

植物界的花多种多样,形态、结构、大小、色彩都不一样,有的花小且没有鲜艳的色彩。这些现象实际上是植物适应不同传粉方式的结果。

植物界在进化过程中,总是舍弃多余的东西,保留和发展有益的特征,以适应自然环境,达到更好的生存和发展,使它们的种族得以延续。如风媒花依靠风来传送花粉,用不着有鲜艳的颜色或香味来招引昆虫,因此,在发展过程中产生了适应风媒传粉的目的。而虫媒花是依靠昆虫来传送花粉的,逐渐产生了适应昆虫传粉的特征,如花大,具有艳丽的色彩或香味。虫媒花的这些特征,并不是为了讨人喜欢,供人观赏,而是为了使昆虫根据花的色彩和香味,就可以找到要拜访的花朵,昆虫在采食花蜜的过程中,就帮助花传送了花粉。这就是虫媒花色彩鲜艳或有香味的根本原因。

## 花色知多少 〉

三醉木芙蓉能日变三色，早上呈白色，中午开呈浅红色，到傍晚则如晚霞，成了深红色了，像一位佳人饮了酒，脸色就渐渐由白变红，由浅变深了。怪不得人们给它个三醉的名字。弄色木芙蓉更有变色的绝招，第1天它是白色，第2天成了浅红，第3天则变成浅黄，第4天又成了深红，到花落之时已换了一身紫衣了。

那么花为什么会变色呢? 原来花有各种鲜艳的颜色，是由于花瓣里的细胞液中存在着色素的缘故。而花中含的色素和酸、碱的浓度以及养料、水分、温度等条件都有密切关系。并且常常随着这些客观条件的变化而变化，因此，花才会有深浅不同，浓淡各异的颜色。芙蓉花一日三变，就是随着气温的升高，花青素和酸的浓度发生了变化而产生的一种现象。

如此一来，花的颜色真是无法计数了吗? 其实要归纳起来，花色只有白、黄、红、蓝、紫、绿、橙、茶、黑9种，只是深浅不同罢了。花色的种类由多到少也是按这个顺序排列的。这是因为昆虫喜欢白、黄、红这3种颜色，使这样的花朵被更多地授粉而变得越来越多了。常言"物以稀为贵"，所以极少见的绿菊花、绿月季也就成了花中的上品了。

有人对4197种花的颜色进行统计后发现，黑色的花最少，白色的花最多。黑色: 8种; 茶色: 18种; 橙色: 50种; 绿色: 153种; 紫色: 307种; 蓝色: 594种; 红色: 923种; 黄色: 951种; 白色: 1193种。

## 为什么黑色的花那么少 ＞

你是否细心地观察过，自然界中的黑色花朵极其稀少。科学家对4000余种花卉进行统计，发现只有8种花是接近黑色的。因此深暗色的花朵往往特别名贵，墨菊、黑牡丹等因此成为花中珍品。科学家们经过长期观察和研究发现，由于组成太阳光的7种色光波长长短不同，因此所含热量也不同。花的组织，尤其是花瓣，一般都比较柔嫩，易受高温伤害。比较常见的红、橙、黄色花反射阳光中含热能多的红、橙、黄色光，不至于被灼伤，有自我保护作用。而黑色花能吸收全部的光波，在阳光下升温快，花的组织容易受到伤害。所以，经过长期的自然淘汰，黑色的品种便所剩无几。

真正的黑色花朵是不存在的，主要原因是黑色的花能够吸收到阳光中的全部光波，在阳光下升温很快，花的组织很容易受到伤害，我们看到的黑色花实际上是接近黑色的深红或深紫色花朵，即日常生活中所说的"红的发黑、紫的发黑"，黑牡丹、黑郁金香、黑菊花是这样，黑玫瑰也是这样。

**暗夜皇后——黑色郁金香**

荷兰盛产郁金香，而黑色郁金香则是很稀少的品种，所以价值千金。黑色郁金香的英文名叫做"Queen of the night"，中文的意思是"夜皇后"，代表神秘、高贵。法国大仲马的传世之作之一就叫《黑郁金香》。

 **高贵而神秘的黑色曼陀罗**

黑色的曼陀罗是曼陀罗当中最高贵的品种，是高贵典雅而神秘的花。黑色曼陀罗还有一个传说，每一盆黑色曼陀罗花中都住着一个精灵，他们可以帮你实现心中的愿望！但是，他们也有交换条件，那就是人类的鲜血！只要用你自己的鲜血去浇灌那黑色妖娆的曼陀罗花，花中的精灵就会帮你实现心中的愿望！只能用鲜血浇灌，因为他们热爱这热烈而又致命的感觉！只有用心培育的黑色曼陀罗才能够通灵，因此它的花语是不可预知的死亡和爱。

43

### 黑色珍稀花卉——老虎须

在热带的浩瀚林海中蕴藏着许多神奇的植物，其中有一种被称为"老虎须"的奇花一定会让你过目难忘。瞧它那下垂的丝状小苞片，长达几十厘米，形如胡须，整个花序看上去就像一张龇牙咧嘴的老虎脸；此外，它的花序拥有两片垂直排列的紫黑色的大苞片，又使整个花序活像一只飞舞的蝙蝠；再加上它独具的晦暗颜色，在阴暗的热带雨林下面乍一看不禁让人感到毛骨悚然。因而，它除了被称为"老虎须"外，还有"蝙蝠花"或"魔鬼花"等别名。其谜一样的花语，相信会让每一个在热带雨林中邂逅它的人感到诧异并为之浮想联翩。

老虎须为箭根薯科多年生草本，花叶俱美，既可观花，又可观叶，叶片丛生，有点像芋，常年青翠欲滴；花期4—8月，花朵紫褐色至黑色，为植物界中罕见。在1999年于昆明举办的"1999昆明世界园艺博览会"中，老虎须作为大温室里的参展花卉，大放异彩，引起轰动，一举夺得金奖。由于目前自然环境日益遭到破坏，老虎须的生存环境也日益糟糕，现已渐危，被国家定为三级保护植物。

老虎须分布于我国广东、广西、云南，印度东北部至印度支那也有。生于水边林下荫湿处。根状茎药用，治胃肠溃疡、高血压、肝炎，外敷治烧伤、烫伤、疮疡。其全株有毒。

## 有没有绿色的花 〉

世界上纯自然的绿色花并不多,大概不到10种。自然界中绿色的花比较少见,这是因为形成绿色的色素主要是叶绿素,它一般存在于植物的茎叶组织中,而花瓣中很少,但是绿色的花还是存在的。例如绣球花,它的花多呈球形白色,到后期会变成蓝绿色或粉红色。一种中国原生的蔷薇,其花大而成绿色,是月季的变种。还有如稻、粟、葱等非观赏性植物也有很多品种的花是绿色的。当然,随着技术的发展,人类也在利用基因、染色等方法人工制造出绿色的花卉,如绿玫瑰。

绿色玫瑰为暖温带喜光树种,垂直分布在600m以下的低山,丘陵。适生于年均温20℃,绝对最低温度不低于-10℃。

### 你知道植物世界的"变色龙"吗？ 〉

你一定知道有一些动物用变色的办法来适应环境，以使自己立于不败之地，其中最著名的就是变色龙。可你知道吗？植物世界里也有类似的现象，红吉尔花就是杰出的"代表"。

红吉尔花如果生长在平原上，它开的花是鲜红色的；如果生长在海拔较高的高山上，它开的花就变成粉红色，甚至白色。这是什么原因呢？原来，在平原上，红吉尔花依靠蜂鸟传粉，蜂鸟喜欢鲜红的颜色；而在高山上，则由另一种动物——鹰蛾来传播花粉，鹰蛾喜欢粉红色或白色。由此可见，红吉尔花之所以变色，是为了适应不同的花粉传播者，这再一次证实了生物世界的普遍规律——适者生存。

## 七色——赤 〉

- 木棉

　　木棉，属木棉科，落叶大乔木，原产印度。高 10—20m。树干基部密生瘤刺，枝轮生，叶互生。每年 2—3 月份先开花，后长叶。树形高大，雄壮魁梧，枝干舒展，花红如血，硕大如杯，盛开时叶片几乎落尽，远观好似一团团在枝头尽情燃烧、欢快跳跃的火苗，极有气势。因此，历来被人们视为英雄的象征。

- 曼珠沙华

　　曼珠沙华，又名红花石蒜，是石蒜的一种，为血红色的彼岸花。多年生草本植物；地下有球形鳞茎，外包暗褐色膜质鳞被。叶带状较窄，色深绿，自基部抽生，发于秋末，落于夏初。花期夏末秋初，约从 7 月至 9 月。花茎长 30—60cm，通常 4—6 朵排成伞形，着生在花茎顶端，花瓣倒披针形，花被红色（亦有白花品种），向后开展卷曲，边缘呈皱波状，花被管极短；雄蕊和花柱突出，花型较小，周长在 6cm 以上。

## 七色——橙 >

### • 凌霄花

凌霄花，凌霄花为多年生木质藤本，有硬骨凌霄和凌霄之分。凌霄花适应性较强，不择土，枝丫间生有气生根，以此攀缘于山石、墙面或树干向上生长，多植于墙根、树旁、竹篱边。每年农历五月至秋末，绿叶满墙（架）花枝伸展，一簇簇桔红色的喇叭花，缀于枝头，迎风飘舞，格外逗人喜爱。除观赏价值外，凌霄花还是一种传统中药材，具有行血去淤、凉血祛风之功能，可治产后乳肿、风疹发红、皮肤瘙痒、痤疮等。

### • 玻利维亚秋海棠

玻利维亚秋海棠。科属：秋海棠科秋海棠属，类别：多年生草本，主要性状：块茎呈扁球形，茎分枝性比较强，下垂，为绿褐色，叶较长，卵状披针形。花橙红色，夏季开花。秋海棠类大多作为室内盆栽花卉观赏，少数须根类的种类如四季秋海棠，可以作为花坛用花。

## 七色——黄 〉

### • 澳大利亚特有植物——金蒲桃

　　金蒲桃，桃金娘科常绿小乔木，别名黄金熊猫、金猫熊、黄金蒲桃。原产澳大利亚，是澳大利亚特有的代表植物之一。

　　金蒲桃，叶对生、互生或丛生枝顶，披针形，全缘，革质，叶表光滑，搓揉后有番石榴气味，新叶带有红色。聚伞花序，顶生或枝梢叶腋开花，初开时色彩黄绿，随时间转为黄色，近凋谢时为金黄色。虽说是花，其实是一丛丛金黄色的蕊。没有花瓣的遮挡，丝丝放射的花蕊更加别致。其全年有花，盛花期为每年11月到次年2月，开花后容易结果，果为蒴果，果实有宿存的雌蕊。

　　金雀花，花语是幽雅整洁，中国原产种，山地野生，为豆科锦鸡儿属落叶灌木，高可达2m,枝条细长，当年生枝淡黄褐色，老枝灰绿色，皮孔矩圆形，分布均匀，有托叶，托叶细而尖锐。除了可以用做点缀性树种，其药用价值也非常高。英国还曾有一金雀花王朝。

## 七色——绿 〉

### • 绿牡丹

　　绿牡丹，品名为豆绿，为牡丹四大品种之一，株丛低矮、开展，分枝细，叶面稍带紫晕，叶背密生绒毛，花则多为绿色或黄绿色。"豆绿"盛开后呈绿白色，基部有紫斑，瓣质厚。

### • 绣球花

　　绣球花，为绣球花科木本花卉。叶对生椭圆形，叶面鲜绿色，叶背黄绿色；伞形花序顶生，球形，白色花，后变为蓝绿色或粉红色。全株有毒。

# 七色——青 〉

## • 罕见的青蓝色的精灵——蓝花丹

优雅独特的蓝花丹，在秋日里静静地绽放开来。她独特的青蓝色，是花卉中极为少见的色彩，花朵聚生枝头如绣球状，感觉特别醒目耀眼。蓝色的蓝花丹带来了秋的凉意，喜欢奇花异草的游人纷纷驻足欣赏这美丽的蓝色精灵！

蓝花丹又名蓝雪花，白花丹科。它为常绿半蔓性灌木，株高1—2m，枝有棱槽，初直立，后俯垂。单叶互生，长圆形或长圆状卵形。花冠高脚碟状，浅蓝色或淡紫色，花筒极细长，花瓣5枚，每瓣中央有一一深紫色的纵纹线。花期为5—10月。其根叶含有毒成分蓝雪素、氢蓝雪甙，但以毒攻毒可以入药，有败毒抗癌、消肿散结、祛淤止痛作用。

蓝花丹花色轻淡、雅致，深受人们喜爱。适合庭园植、缘栽、花坛、地被或盆栽观赏，露地栽种，可美化环境，是优良的观赏花卉。华南地区一般将它做花篱或丛植，或与其他颜色花卉配置图案等。

## 七色——蓝 〉

### • 倒提壶

　　倒提壶，又称中国勿忘我、蓝布裙、绿花心等，为紫草科琉璃草属的植物，可长至15—60cm高。倒提壶是著名的药用植物，以根及全草入药，有清热利湿、散淤止血、止咳等功效。因其花朵浓密、花色艳丽，也具有较高的观赏价值。

### • 琉璃繁缕

　　别名海绿、四念癀、龙吐珠、九龙吐珠。一年生匍匐柔弱草本，高达30cm；枝条散生，茎有4棱，具短翅。叶对生，无柄；常向外反折；叶片卵形，有主脉5条，背面有紫色斑点。花单生于叶腋；花梗长2—3cm，下弯；花萼5深裂；花冠蓝色，钟状幅形，5深裂，裂片边缘有睫毛；雄蕊5枚，生于花冠基部，有纤毛。蒴果球形，果实盖裂。花期3—5月。产于福建、台湾及华南沿海地区。多生于荒野滨海地区。全草有毒，内服多量以后使消化系统特别是肠受刺激，并麻痹神经系统。

52

# 七色——紫 〉

## • 荣耀的公主之花——巴西野牡丹

　　传说中紫色是最高贵的颜色，那么有着艳丽"皇家"紫色花朵的巴西野牡丹，则是名副其实的公主花。它还有着另一个头衔：荣耀灌木。

　　这个活泼娇小的"公主"，来自野牡丹科的绵毛木属。巴西野牡丹株高 0.6—1.5m，是蓬勃的常绿小灌木，枝条红褐色。叶对生，长椭圆至披针形，表面光滑，背面被细柔毛，深绿色，3—5 出分脉。花顶生，花大型，5 瓣，刚开的花呈现深紫色，开了一段时间的则呈紫红色，相映成趣，中心的雄蕊白色且上曲，小巧别致，雄蕊明显比雌蕊伸长膨大。蒴果坛状球形。巴西野牡丹几乎全年开花，每年 5 月至次年 1 月为盛花期。

　　巴西野牡丹原产于巴西低海拔山区及平地。在光照良好的地方，花开艳丽，可稍耐荫，但长势差。可采扦插法繁殖，春、秋两季为适期。性喜高温，较耐旱耐寒，耐修剪，花多且密，单朵花期 4—7 天，适于盆栽或庭园花坛混合种植，若多个品种混合栽种可产生对比强烈的层次不同的紫色。

## • 淡紫色的瀑布——紫藤花

　　紫藤属豆科紫藤属，是一种落叶攀缘缠绕性大藤本植物，干皮深灰色，不裂；花紫色或深紫色，十分美丽。紫藤为暖带及温带植物，对气候和土壤的适应性强，较耐寒，能耐水湿及瘠薄土壤，喜光，较耐阴。广泛分布于我国境内，具有较高的园艺装饰价值和药用价值。

# ● 花与味道

## 花的香味是哪来的？ 〉

其实，花的香味来源于花瓣中有一种油细胞，它会不断分泌出带有香味的芳香油。因为芳香油很容易挥发，当花开的时候，芳香油就会随着水分一起散发出来，这就是人们闻到的花香啦！由于各种花卉所含的芳香油不同，所以散发出的香味也不一样，有的浓郁，有的淡雅。自然界中还有一些花，虽然它们的花瓣中没有油细胞，但闻上去也有阵阵香味。原来，它们的细胞中含有一种叫做"糖苷"的物质，经酵素分解后一样会产生香味。

一般来说，天气晴朗、温度升高的时候，花瓣中芳香油挥发得比较快，飘得也比较远，所以香味会比较浓一些。但有些如夜来香、米兰等在夜晚开放的花，由于空气湿度越大，花瓣的气孔就张得越大，芳香油也挥发得越多，所以它们晚上散发出的香气要比白天更纯、更浓。

## 为什么艳丽的花通常没有香气，而香花都是素色的？ >

对于植物来说，开花是为了结果。色彩和气味都是植物引诱昆虫传粉的方法。而昆虫对花朵的要求，远不像人类对花朵的要求那样苛刻。许多昆虫单凭颜色，就能准确地识别出它需要的花朵，而花儿发出什么气味，昆虫是不会关心的。而有一些昆虫，对于花朵散发出来的气味，反应则非常灵敏，即使很细微的差别，都可以分辨得出来。生物进化过程中有一种普遍的趋势，就是不断舍弃多余的东西。特定的色彩或花瓣已足以吸引自己所需要的昆虫，那么浓烈的香气就是多余的了，同样，既然花儿散出的特殊气味，能够准确地传达花儿邀请昆虫的信息，鲜艳的色彩也就完全没有必要了。在自然界中，有个别释放臭气的花，花儿的气体无论是香味还是异味，都有对动物的诱惑和驱逐的功能。香气会使人如醉如梦，异味会让人避而远之，但可招来觅腐昆虫如苍蝇为其传播花粉。

## 世界上香气飘溢最远的花

　　十里香花是一种白色的野蔷薇,香气可传5千米。有性繁殖系,属灌木型、中叶类、中生种。原产云南省昆明市金马区十里铺。

## 世界上最臭的花——尸花

　　尸花学名为泰坦魔芋,因开花时散发出与腐烂尸体味道相似的腐臭而得名,臭味在距其0.5英里以外就能闻到。它的花朵可长至2.75m,成为世界上最高大的花和世界上最臭的花,泰坦魔芋原产于印度尼西亚苏门达腊的热带雨林地区,一般能活150年左右,在它的生命期内只开两三次花。

## 气味似大蒜的蒜香藤

蒜香藤，紫葳科，种植于华南植物园中心区以及木本花卉区，原产于太平洋彼岸的圭亚那和巴西等地区。蒜香藤花期为10—12月，开花时，花朵散发出蒜味，用手揉搓它的叶片，可嗅到浓浓的蒜味；木质的茎蔓以至根系，在受损后也释放出蒜香，因而得名。蒜香藤的花多而密集，花初绽放时为粉紫色带淡红，之后，随着时间的推移花色逐渐变淡，最后过渡到白色，由于花朵盛开迟早不一，每朵花都经过先后变色过程，故整个植株在花期可见多种色彩并存，格外瞩目。

## 味道不佳的翩翩君子——领带兰

兰科豆兰属草本植物，原生在新几内亚。豆兰是兰科植物中数一数二的大属，全世界大约有2700种，分布以热带及亚热带区域为主。在2000多种豆兰中，体型最大的就是领带兰，领带兰的假球茎看起来像是领结，长而宽的叶片看似系在绅士们颈部的领带，长度可达2m左右，远看就像大树上的领带。领带兰开花时味道独特，有人夸张的形容其味道是几百头死象的臭味。

57

# ● 花与花粉

## 花粉 〉

一种植物直到两种花粉囊结合起来时才发育种子。一种花粉囊叫胚珠,胚珠是在花的底部形成的,它们由子房保护着;另一种花粉囊叫做花粉粒,花粉粒需要和来自其他花的胚珠相结合,因此,花粉必须要从一朵花移到另一朵花上。当你看到昆虫在花间飞舞,这是它们在传播花粉。当一只蜜蜂来到一朵花上时,它会获取到花粉。当它飞到另一朵花上时,它撒下其中的一些花粉,然后取得更多。蜜蜂辛勤工作的回报是它能得到含糖的花蜜作为"薪金"。夏天,空气中含有大量的花粉,有的人呼吸了这样的空气后便会打喷嚏,这是因为他们对花粉过敏。

### ● 虫媒传粉

吸引和利用昆虫、蝙蝠、鸟类或其他动物传播花粉。这些花朵都有特化的形状和雄蕊的生长方式,以确保授粉者由引诱剂(如花蜜、花粉或配偶)吸引而来时,花粉粒能顺利传入其体内。

## 花怎么传播花粉 〉

有自花传粉和异花传粉两种方式。自花传粉:雄蕊的花粉传到同一朵花的柱头上。异花传粉:一朵花的花粉传到同一植株的另一朵花的柱头上,或一朵花的花粉传到不同植株的另一朵花的柱头上。异花传粉比自花传粉更进化。

植物的异花传粉需借助外力才能完成,传送花粉的媒介有风、昆虫、鸟甚至水。最为普遍的是风和昆虫。有很多奇怪的植物,是通过散发臭味,让苍蝇等昆虫进行传粉的。

## • 风媒传粉

使用风力帮助传粉,例如草、桦树、杨树和枫树等。由于它们无需吸引其他媒介传粉,因此花朵往往不太引人注目。风媒花一般是雌雄异花或异株,雄性花花丝细长,末端为裸露的雄蕊,而雌性花则具有长长的羽状柱头。一般而言,借由动物传播的花粉颗粒较大,具黏性,并含有丰富的蛋白质(算是对授粉者另一种"奖励");而风媒花粉通常是小颗粒,很轻,而且对动物没什么营养价值。此外,风媒花传播的花粉还可能引起部分人类的花粉过敏症。

## • 自花授粉

还有些花可以自花授粉,即同一朵花中,雄蕊的花粉落到雌蕊的柱头上。自花受精能增加种子产生的几率,但也会限制遗传变异的产生。闭花受精花就是自花授粉,之后其可能会开花,也可能不会,已知堇菜科和玄参科中的许多种含有此类花。另一方面,许多物种的植物都有阻止自花受精的方法。有些植株上的单性雄花和雌花的不会同时出现或成熟,此外对于有些植物,来自同一植株的花粉由于含有化学阻挡层而无法为其胚珠授精,这种特性称为自花不孕或自交不亲和性。

## 花与授粉者的关系 >

许多花和某些授粉生物有着密切的关系,例如,很多花只会引来某种特定的昆虫,因而也很依靠这种昆虫得以成功繁殖。这种密切关系往往可以作为协同进化的例子,因为人们认为经过很长的时间,花和授粉者都会共同地进化,以配合对方的需要。

不过,这种密切关系也会带来灭绝的负面影响。在这一关系下,任何一名成员的灭绝也几乎必然导致对方步其后尘。一些濒危植物种即是因授粉者的减少而导致濒危。

## 花儿授粉有绝招 >

### • 靠苍蝇授粉的大花犀角

大花犀角花朵五角星状,淡黄色,硕大美丽,绒质花瓣上具无数暗紫色的波状横纹,边缘生长细毛,看上去极像动物的皮毛,花朵还散发淡淡的腐肉气味,大花犀角是虫媒花,其花朵的这种仿生特性是为了吸引苍蝇帮助授粉,完成"传宗接代"的使命。

YIHUAYISHIJIE

## • 伪装成胡蜂传粉的铁锤兰

　　铁锤兰土生土长于澳大利亚，是植物界的诱骗高手。因为铁锤兰的唇瓣在颜色和结构上类似于雌性胡蜂的腹部，还可以产生一种信息素，同雌性胡蜂生成的信息素极为相似，从而吸引雄性胡蜂在铁锤兰花朵之间授粉。

## • 依靠蜂鸟传粉的鹤望兰

　　鹤望兰的植株在原产地由体重仅 2g 的蜂鸟传粉，是典型的鸟媒植物。鹤望兰，原产非洲南部。喜温暖湿润气候，怕霜雪。叶大姿美，花形奇特。增天然景趣。鹤望兰学名为 Strelitzia reginae，它们学名是为纪念英王乔治三世皇后夏洛特而取的。鹤望兰属共有 5 种，原产非洲南部。该属叶蓝绿色、挺立、革质、长圆形，下凹；中脉红色，高达 1—1.5m，从地下茎发出。鹤望兰属的花大多具长梗，橙黄色或浅蓝色，有 2 枚直立而尖的花瓣，雄蕊 5 枚；外有一舟形佛焰苞，绿色，边绿红色。鹤望兰属有一黄花的变种。鹤望兰可以生长达 2m 高，有大而壮的叶子，长 25—70cm 及阔 10—30cm，叶柄长达 1m。叶子常绿及分成两排，呈扇形。花朵在长的茎端上长出。肉穗花序硬，像鸟喙，由

于垂直于茎，仿佛一个鸟头。它足以支撑在花朵上吃花蜜的太阳鸟科。花朵有 3 块鲜艳橙色的萼片，及 3 块紫蓝色的瓣。其中 2 瓣是联合的，形成像箭的蜜管。当太阳鸟科坐在上面吃花蜜时，花瓣会张开，并将花粉盖在鸟脚上。

## • 吞云喷雾喷射花粉的吐烟花

常言道：天下之大无奇不有。而华南植物园的热带雨林温室里就生长着一种能"吞云喷雾"的神奇植物——吐烟花。每至花期，一缕缕轻烟就会从一朵朵花蕾中喷出来，就像吸烟一样，只叫游人们看得目瞪口呆，大呼神奇！

吐烟花为何有如此神奇的现象呢？原来当花粉成熟后，含苞待放的花朵通过花粉的每一次喷射得以完全绽放，像人们放烟花似的一下把花粉喷出来，形成我们所见到的神奇烟雾。

花叶吐烟花，荨麻科一年生草本植物。茎肉质，紫红色，光滑，匍匐状，肉质的退化叶比较细小，无叶柄，正常叶比较大，叶面杂夹着深绿色、淡紫色、红色或苍白色，色彩鲜艳。花叶吐烟花主要分布于广东、海南、贵州、云南等地，生于山沟阴湿的岩石上，它是一种常用的中草药，具有清热利湿、宁心安神等多种功效。

# 花与计谋

## 聪明的花朵会伪装 >

**有**句俗话叫"披着羊皮的狼",可见看来像羊的不一定都是羊。植物界也是这样,有些聪明的植物为了保护自己,想了个办法——"拟态",也就是伪装。把自己伪装得普通些,可以躲过动物的眼睛;使自己长得恐怖些,可以吓回去要伤害自己的生物;把自己扮得像昆虫,还能吸引昆虫过来传粉呢。

### • 伪装成石头的生石花

在非洲南部及西南部干旱而多砾石的荒漠上,生长着一类极为奇特的拟态植物——生石花。它的植物体矮小,两片肉质叶呈圆形,在没开花时,简直就像一块块、一堆堆半埋在土里的碎石块或卵石。这些"小石块"呈灰绿色、灰棕色或棕黄色,有的上面镶嵌着一些深色的花纹,如同美丽的雨花石,有的则周身布满了深色斑点,就像花岗岩碎块。

这些小石块不知骗过了多少旅行者的眼睛,又不知有多少食草动物对它视而不见。令人惊奇的是,每年的冬春季,都会有绚丽的花朵从"石缝"中开放。盛花时,一片片的生石花覆盖了荒漠,特别好看。然而当干旱的夏季来临时,荒漠上又是"碎石"的世界了。

## • 兰科植物的伪装术

有些植物，为了避开取食者，采取更主动的伪装方式。在印度尼西亚的爪哇，生长着一种叫大魔芋的南天星科植物，它的叶柄很长，立于草丛之中，样子很像一条毒蛇在仰起脖子进攻的架势，足以威吓动物不敢靠近。

兰科植物被认为是被子植物中高度适应昆虫传粉的类群，在全世界已知的大约2万种兰科植物中，最著名的是利用"伪装术"骗取昆虫为它"做媒"的眉兰属植物。在地中海沿岸草丛中，角蜂眉兰开了，小巧而艳丽，圆滚滚、毛茸茸的花的唇瓣，上面分布着棕色的花纹，酷似雌性角蜂的

身躯。雄性角蜂被吸引到花朵上，并且在头上沾上了花粉块，当这只求偶心切的雄蜂又被另一朵眉兰花欺骗而故伎重演时，正好把花粉块送到了新"配偶"的枝头上。当然，眉兰吸引昆虫成功，眉兰所分泌的化学物质也起了很大的作用。

## • 装扮成蜜蜂的金蝶兰

这是一种生长在野外的野生植物，开花时全靠昆虫传粉，但是它既没有芳香的气味，也没有甜蜜的蜜汁，所以，昆虫们不愿意和它接触，但金蝶兰自有办法，因为它一般生长在一种叫螫蜂的领地里，而这种昆虫是不允许别的昆虫"侵入"自己的领地，一旦发现，便会发起猛烈的攻击。恰好金蝶兰不但长在它们的领地内，而且它的颜色和花也很像昆虫，当随着微风"偏偏起舞"时，特别像一群蜜蜂在飞舞，螫蜂见了便会飞上去攻击，从而替金蝶兰然传递了花粉。

一花一世界

## 捕食甲虫的非洲白鹭花 〉

　　非洲白鹭花，是非洲南部的一种本土植物，通常它生长在干旱贫瘠的沙漠地区，这种花是在地下生长，除了像肉般的花朵裸露在地面上，还释放出一种尸体恶臭吸引着蜣螂、食尸甲虫。美丽鲜红花朵的真实作用是一个陷阱，吸引甲虫们进入到花朵之中，然后将这些甲虫困起来直至死亡，它吸收甲虫尸体的营养成分。花能够长出地面大约8—10cm，花朵本身高4—7cm，颜色鲜红，内部中空，肉质，4个厚厚的郁金香外形花瓣在顶部连在一起。为吸引诸如腐尸甲虫等花粉传播者，它释放出难闻的肉腐气味。由于此花常常隐身于充当寄主的树丛中，人们很难发现它的踪影，只能通过其难闻的气味觅得其踪迹。

### 〉 最大的食虫植物

　　目前已知世界上最大的食虫植物，为一种生长于爪哇、婆罗洲的猪笼草，其囊叶的容量可达8升，据说可捕食小老鼠。

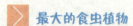

## 迷人的丛林杀手——好望角茅膏菜

茅膏菜俗称好望角茅膏菜，是生长在南非的一种食肉植物。好望角茅膏菜比捕蝇草的功效更好，因为它上面由黏性触须覆盖，伺机捕获降落在它上面的昆虫。这种罕见的植物原产于南非的好望角地区。春天是它捕食的好时机，它能开出许多艳丽的花朵，以便能诱惑更多倒霉的小昆虫。深红色的花朵从长长的花轴伸出，鲜艳的花瓣轮形排列，与狭长的萼片呈辐射状开展，盛开时齐向地低垂，春风吹佛似一群安静的少女垂首微笑。正是这种暗藏杀机的美丽，使更多的小昆虫自投罗网，白白送了性命。

## 捕蝇草 >

原产于北美洲的食虫植物捕蝇草,多年生草本植物。据说因为叶片边缘会有规则状的刺毛,那种感觉就像维纳斯的睫毛一般,所以英文名称为Venus Flytrap,意思是"维纳斯的捕蝇陷阱"。它的叶片是最主要并且明显的部位,拥有捕食昆虫的功能,外观明显的刺毛和红色的无柄腺部位,样貌好似张牙利爪的血盆大口。其主要特征就是能够很迅速地关闭叶片捕食昆虫,这是种和其远亲猪笼草一样的食肉植物之一,在茅膏菜科捕蝇草属中仅此一种。捕蝇草是一种非常有趣的食虫植物,它的茎很短,在叶的顶端长有一个酷似"贝壳"的捕虫夹,且能分泌蜜汁,当有小虫闯入时,能以极快的速度将其夹住,并消化吸收。由于它那独一无二的昆虫陷阱,捕蝇草是世界上所有食肉植物中最有名的。它的两片长刺儿的叶子上布满了很细的绒毛,可以感知任何昆虫和蛛形纲动物,只要它们触发了绒毛,就一定会被捉到。两片叶子合拢的速度不超过1秒钟。

## 那一低头的温柔——食虫植物开花 >

瓶子草属于瓶子草科瓶子草属，原产西欧、北美和墨西哥等地，是奇特的食虫植物。它利用叶子来捕捉和消化蚂蚁、苍蝇、蚊子等昆虫。其瓶状叶是有效的昆虫陷阱，瓶状叶外部色彩鲜艳，内壁能分泌消化液，与瓶内贮藏的雨水相混，起到溺死并消化昆虫的作用。瓶状叶的开口处常分泌香甜的蜜汁，引诱昆虫前来采吃，一旦受骗的昆虫爬进内壁，滑落到瓶内的消化液里，将受到内壁的倒刺毛挡住去路，最终溺死其中无法逃出生天。昆虫的尸体在瓶子草消化酶的作用下，变为营养物质氨基酸被瓶壁吸收。

吃饱喝足的瓶子草在每年的4—5月开出了美丽的花朵。花单生茎顶，两性，花朵较大，呈紫色或粉红色。细心的你一定会发现花朵具有复杂而精密的构造。

花具有5个萼片，基部和3个苞片连在一起；具有一些花药；以及一个具有5个顶点的伞状构造，上方悬挂着5片紫色或粉红的花瓣。整朵花是呈现上下颠倒的样子，因此这个伞状构造可以盛住从雄蕊掉落的花粉。柱头位于伞状构造上，接近5个顶点的地方。瓶子草最主要的授粉者是蜜蜂，蜜蜂要采蜜的时候，由于花朵的构造，它们必须先经过其中一个柱头，才能进入倒伞状的空腔部分。在空腔内，它们不免会沾到一堆来自花药或者掉落的花粉。离开的时候，也由于花朵的构造，蜜蜂得从其中一个盖状的花瓣出去，这种方式可以避免蜜蜂经过柱头造成自花授粉。正是瓶子草的这种异花授粉决定了它的不简单。

当然，聪明的瓶子草不会对所有造访的昆虫格杀勿论，为了避免授粉的有益昆虫掉进"瓶"内被误食，它的花茎往往高出叶子很多。瓶子草设下美丽的陷阱，只吃它们"相中"的食物，而对帮助它们传粉的昆虫则温柔地网开一面。

# ● 国花大观

### 植物的花为什么会被人们尊为国花？ ＞

国花是指以自己国内特别著名的花作为国家表征的花，是一个国家领土完整、悠久的历史文明和灿烂的文化，象征民族团结的精神，高贵的人格美德。但为各国人民高度重视，反映了对祖国的热爱和浓郁的民族感情，并可增强民族凝聚力。

在遥远的上古时代，自从人类居住在森林中，以狩猎和收获植物种子果实、块茎等作为食品的时候起，就开始意识到要以花的各种形态作为认别植物的主要标志。进入农业社会后，植物与人类的生活关系更为密切。例如用花纪事，以某种植物开花的时节来指导某项农业生产，如油桐开花时节，是该播种水稻了。随着科学技术的发展，人们对植物及花在人类生活中的作用认识更清楚。人类衣、食、住、行及医药保健都与植物有关。然而花在植物体上是专司养殖任务的器官，它是植物新个体的塑造者，遗传学上研究它的基因，在

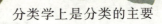

分类学上是分类的主要依据和标志。花的姿、色、香、形、韵是花卉园艺的研究对象，花的艳丽色彩，引起艺术界和染料工业的重视，花中的芳香油是香料工业中不可替代的天然资源，用鲜花可制作食品、脂粉、香水。花的造型图案是装饰工艺的源泉。花还向人类

提供重要的蜜源与药源。花粉粒在地质与古植物学的研究中，具有十分重要的意义，它可以确定岩石、地层的寿命和年代，探测矿产资源等。

花是有生命的艺术品，是人类最好的朋友。花具有直观的美，更具有潜在美。花以特有的风韵吸引不同肤色、国籍的人用花来表达思想、形容现实生活，赋予花深刻的寓意，使花成为一种人格化的自然，用花抒发内心的感情、表达崇高的理想，把花视为吉祥、幸福、光明和圣洁的象征。在鲜花前，形成一个真善美的世界，她跨越时空、超越国界，把整个地球装扮起来。

对花的崇拜和爱护，使得许多国家和人民，把当地特别著名的植物尊为国花，如同国旗和国歌——一样，作为国家的象征、国家的荣誉和国家的光辉。如日本的樱花、荷兰的郁金香、保加利亚的玫瑰等都是最富有象征性的国花。国家安定与民族兴盛，对推动社会经济发展，振奋民族精神、树立民族进取心和自豪感有重要意义。

> ## 中国有国花吗

目前，世界上已有100多个国家确立了自己的国花，中国是惟一尚未确立国花的大国。呼声最大的准国花是牡丹。

> ### 中国的名花

花中之王——牡丹

花中之相——芍药

花中君子——荷花

花中隐士——菊花

花中西施——杜鹃

花中皇后——月季

## 选定国花的不同方式 ⟩

一个国家，一个民族都有自己特定的自然环境、文化背景和习俗爱好。因此，不同国家和民族对国花的选择也不尽相同。

(1)一些国家由政府根据本国地理环境、自然风貌和大多数人民的意愿，把某种最美丽或与本国、本民族有特殊情感的植物定为国花，并以法律的形式固定下来。如黎巴嫩、马来西亚、尼泊尔、巴基斯坦、菲律宾、澳大利亚、新西兰、南非、保加利亚、捷克、荷兰、意大利、加拿大、多米尼加、墨西哥、阿根廷、玻利维亚、智利等国家的国花就曾是这样确定的。

(2)大多数国家的国花是由约定俗成或者是由传说和民间故事演变所定的。希腊国花油橄榄，据说是由神话产生的，并且是最早(公元前12至前8世纪的历史，有文字记载)定为国花的一种植物。

(3)由民俗、传说和宗教等演变的。如印度的菩提树，是因佛教始祖在树下成佛而确定的。又如，斯里兰卡的莲花、伊朗的黄色蔷薇、苏格兰的紫色刺蓟。

(4)很多国家的国花与其特殊的观赏或经济价值相联系。如保加利亚的玫瑰、荷兰的郁金香、希腊的油橄榄、芬兰的铃兰。

(5)有些国家的国花是从皇朝王室所用标记图案而来。如英国的红玫瑰、法国的鸢尾花 等。

(6)一些国家的国花，不是一成不变的，有的是两种以上国花并存。例如荷兰最早定为国花的是金盏菊和麝香石竹，后来才改为郁金香；墨西哥传统国花是柠檬梨，后又把大丽花、热带兰作为法定国花；日本王室认定国花是菊花，民间则以樱花为国花；意大利法定国花是意大利松，但传统的说法是月季，民间却又崇尚雏菊、紫罗兰，也有说是茎菜花与白色百合花。

## 南非国花：常开不败的花魁——帝王花 〉

帝王花，山龙眼科，又名普蒂亚花，是南非共和国的国花。其花形奇异，色彩艳丽，造型优雅，故脱颖于世界名贵花卉，号称花中之王，寿命达百年以上。

帝王花是多年生常绿灌木，茎粗、叶片富有光泽，成熟植株高约1m。帝王花的花朵实际是一个花球，直径大小为12-30cm。花中心有许多的花蕊，并被巨大的、色彩多样的苞叶包围，苞叶的颜色从乳白色到深红色之间变化，其中淡粉红色、稍带银色光泽的苞叶是最受欢迎和推崇的。

帝王花雌雄异株，它的花期很长（从5月-12月），适宜盆栽种植，同时还是优良的鲜切花。久开不败的帝王花，被誉为全世界最富贵华丽的鲜切花，代表着旺盛而顽强的生命力，同时它还象征着胜利、圆满、富贵与吉祥。

71

## 马来西亚国花：花中花——金塔朱槿 ＞

有一种朱槿皆因它的花上又"叠上"了一朵花，犹如宝塔般，层层相叠，故得名金塔朱槿，是朱槿的栽培种，常绿灌木，浅橘色重瓣双层，花形奇特而美丽。

其家族锦葵科可谓"花"材辈出，包括大名鼎鼎的木芙蓉、棉花等。而其"祖先"朱槿原产于中国，栽培历史悠久，具有很高的园艺观赏价值，常言："槿艳繁花满树红"。其茎直而多分枝，叶绿色，叶形为阔卵形至狭卵形，叶缘有粗锯齿或缺刻。花大，花柄有下垂或直上两种，花中心有一长花丝筒，花色有红、白、黄、粉红、橙等，花期全年，夏秋最盛。在功效方面可用于解毒、消炎、消肿、止血等。

其中大红花（红色朱槿）是马来西亚国花，也是夏威夷的州花。

72

## 缅甸圣花——龙船花 >

龙船花又名英丹、仙丹花,茜草科,龙船花属,是缅甸的国花。龙船花是常绿小灌木,喜温暖、湿润和较充足的阳光。植株多分枝,叶对生,新叶在阳光充足时呈红色,以后逐渐变为绿色,有光泽。伞房花序顶生,有红色分枝,每个分枝有小花4—5朵,花色以红色最为常见,此外还有白、黄、橙、双色等多种颜色,自然花期为夏、秋季节,在温室或气候温暖的地区一年四季都能开花。其品种很多,常见的有大王龙船花、黄龙船花、洋红龙船花、尖叶龙船花、矮龙船花、香龙船花等。

### 智利国花——百合花 〉

在遥远的古代,智利的百合花只有蓝、白两色。公元16世纪,印第安人阿拉乌加诺部族,与西班牙殖民者进行了不屈不挠的抗争。在民族英雄劳塔罗的领导下,阿拉乌加诺人把入侵者打得落花流水,狼狈逃窜。正当义军节节胜利之际,却由于叛徒的出卖,劳塔罗和他的3万名爱国将士误中殖民主义者埋伏,经过浴血奋战,全部壮烈牺牲。第二年春天,爱国爱国志士捐躯的地方,漫山遍野绽开了红艳艳的百合花—"戈比爱",人们认为这是烈士们用血浇灌过的蓝色、白色百合变成的。因此,在智利获得国家独立后,人们一致赞成将"戈比爱"定为国花。智利国构思奇巧的国徽国案上,有一族美丽多姿、质朴可爱的花束,它就是一束红色的野百合花。

## 德国的国花——矢车菊 >

　　别名为蓝芙蓉、翠兰，荔枝菊，花语是单身的幸福。花朵茎部常有齿或羽裂。头状花序顶生，边缘舌状花为漏斗状，花瓣边缘带齿状，中央花管状，呈白、红、蓝、紫等色，但多为蓝色。普鲁士皇帝威廉一世的母亲路易斯王后，在一次内战中被迫离开柏林。逃难途中，车子坏了，她和两个孩子停在路边等待之时，发现路边盛开着蓝色的矢车菊，她就用这种花编成花环，戴在9岁的威廉胸前。后来威廉一世加冕成了德意志皇帝，仍然十分喜爱矢车菊，认为它是吉祥之花。矢车菊也启示人们小心谨慎与虚心学习。

## 日本国花——樱花 〉

櫻花花色幽香艳丽,为早春重要的观花树种,常用于园林观赏,以群植,也可植于山坡、庭院、路边、建筑物前。盛开时节花繁艳丽,满树烂漫,如云似霞,极为壮观。可大片栽植造成"花海"景观,可三五成丛点缀于绿地形成锦团,也可孤植,形成"万绿丛中一点红"之画意。樱花还可做小路行道树、绿篱或制作盆景。

## 老挝国花——鸡蛋花 〉

鸡蛋花,别名缅栀子、蛋黄花,夹竹桃科、鸡蛋花属。原产美洲。我国已引种栽培。落叶灌木或小乔木。小枝肥厚多肉。叶大,厚纸质,多聚生于枝顶,叶脉在近叶缘处连成一边脉。花数朵聚生于枝顶,花冠筒状,径约5—6cm,5裂,外面乳白色,中心鲜黄色,极芳香。花期5—10月。

鸡蛋花夏季开花,清香优雅;落叶后,光秃的树干弯曲自然,其状甚美。适合于庭院、草地中栽植,也可盆栽,可入药。花数朵聚生于枝顶,花冠筒状,径约5—6cm,5裂,外面乳白色,中心鲜黄色,极芳香,呈螺旋状散开,瓣边白色,瓣心金黄色,如蛋白把蛋花包裹起来,也有红色的。

## 不丹国花——蓝花绿绒蒿 〉

草本，很少灌木，常有乳白色或黄色汁液；叶互生，很少上部对生或轮生，全缘或分裂，无托叶；花两性，辐射对称，单花顶生或组成圆锥花序、总状花序或聚伞花序，稀成伞形花序式排列。种类不同，花型各异，姿态亦殊：有的自基部莲座状的叶丛中抽出花葶，一丛数葶，每葶独挺一朵；有的茎上着花，一茎数花，成一总状圆锥花序。其瓣多见为4，亦有多达10瓣成重瓣类型的。其叶长椭圆形，阔卵形，或具长柄如汤匙形，或分裂为琴形等等不一。不少种类，体具柔长的绒毛，因而获得了"绿绒蒿"这个雅称。乍看美丽的蓝花绿绒蒿似乎给人们留下一种娇柔万分，弱不禁风的印象。实际上，蓝花绿绒蒿是一个禀性刚强、不畏严寒风霜的坚强斗士。

### 荷兰国花——郁金香 〉

郁金香原产于中东，16世纪传入欧洲。"郁金香"源于波斯语，是帽子和伊斯兰头巾的意思。郁金香所散发的魅力使许多人士为之倾倒。世界上许多著名的公园和游览胜地都少不了它。美国的白宫、法国卢浮宫博物馆等的花坛上，每年都有无数游客来浏览和观赏它的芳容。不但如此，在艺术插花方面，它又是最难能可贵的花材。它的花柄可长达四五十厘米，不论高瓶、浅盂、圆缸，插起来都格外高雅脱俗，清新隽永，令人百看而不厌。

 **郁金香的故事**

在欧洲流传着一则故事，在古堡里有三位骑士爱上了同一位女孩子。为了争取她的欢心，他们把自己的宝物（王冠、宝剑和金饰）送给少女。少女左右为难，不知应该选择谁，于是向花神普罗娜祈求，希望能将宝物都变成花，好让其他人也享受得到。花神听了她的祈求，把王冠变成花瓣，宝剑变成叶，金饰变成球根，成了一株株的郁金香。因此人们都认为郁金香是宝物的化身，是表白爱意的最佳桥梁。郁金香跟玫瑰一样，不同的颜色有不同的意义，红郁金香代表爱的宣言，粉郁金香代表纯纯的爱，紫郁金香代表无尽的爱，白郁金香代表幸福的感觉，双色郁金香则象征美丽的双眼。

78

## 葡萄牙国花——薰衣草 〉

薰衣草原产于地中海沿岸、欧洲各地及大洋洲列岛，如法国南部的小镇普罗旺斯。薰衣草性喜干燥，花形如小麦穗状，有着细长的茎干，花上覆盖着星形细毛，末梢上开着小小的紫蓝色花朵，窄长的叶片呈灰绿色，成株时高可达90cm，通常在6月开花。每当花开风吹起时，一整片的薰衣草田宛如深紫色的波浪层层叠叠地上下起伏着，甚是美丽。

## 法国国花——鸢尾花 〉

法国的国花是鸢尾科的香根鸢尾，它体大花美，婀娜多姿，与百合花极为相似。鸢尾与百合分属两个截然不同的科类，虽然一眼看去，似乎两者都有2枚"花瓣"，殊不知鸢尾花只有3枚花瓣，其余外围的那3瓣乃是保护花蕾的萼片，只是由于这3枚瓣状萼片长得酷似花瓣，以致常常以假乱真，令人难于辨认。此外，鸢尾的"花瓣"一半向上翘起，一半向下翻卷，而百合花的花瓣却一律向上。另有一些鸢尾的花心深处还长有3枚由雌蕊变成的长舌形瓣儿。由于欧洲人常把鸢尾花称做"百合花"，故不少人以为法国的国花是百合花。近代汉语里经常把fleur-de-lis翻译成"金百合"，正确的译法还应该是"鸢尾花"。

## 古巴国花——姜花 〉

姜花象征纯朴。它一枝挺拔，一个花苞开出五、六朵洁白泛黄的花儿，每朵有3片花瓣，宛如翩翩白蝶，聚集于翡翠簪头，从朝到暮，喷放清香。故欧美把姜花称做"蝴蝶百合"，姜花花期5—11月，株高1至2m，地下茎块状横生而具芳香，形若姜。叶长椭圆状披针形，长40—50m，宽7—12m，上表面光滑，下表面具长毛，没有叶柄、叶脉平行。花序顶生，密穗状，有大型的苞片保护，每1花序通常会绽开10—15朵花，花色有白、黄、红与橙色等色。中药，姜黄，活血化淤药姜花虽无绚丽容貌，香气淡淡的，倒也清幽宜人，能散发出清新优雅的芳香味，使人倍感心情舒畅，心旷神怡。

## 澳大利亚国花——金合欢 〉

金合欢属豆科的有刺灌木或桥木，二回羽状复叶，头状花序簇生于叶月夜，盛开时，好像金色的绒球一般。在澳大利来，你稍加留意就会发现，居民的庭院不是用墙围起来，而是用金合欢作刺篱，种在房屋周围，非常别致。花开时节，花篱似一金色屏障，带着浓郁的花香，令人沉醉。

## 斐济国花——扶桑 〉

叶似桑叶，也有圆叶。腋生喇叭状花朵，有单瓣和重瓣，最大花径达25cm，常绿大灌木或小乔木。茎直立而多分枝，高可达6m。叶互生，阔卵形至狭卵形，长7—10cm，具3主脉，先端突尖或渐尖，叶缘有粗锯齿或缺刻，基部近全缘，秃净或背脉有少许疏毛，形似桑叶。花大，有下垂或直上之柄，单生于上部叶腋间，有单瓣、重瓣之分；单瓣者漏斗形，重瓣者非漏斗形，呈红、黄、粉、白等色，花期全年，夏秋最盛。

扶桑花的外表热情豪放，却有一个独特的花心，这是由多数小蕊连结起来，包在大蕊外面形成的，结构相当细致，就如同热情外表下的纤细之心。明代李时珍《本草纲目·木三·扶桑》："扶桑产南方，乃木槿别种。其枝柯柔弱，叶深绿，微涩如桑。其花有红黄白三色，红者尤贵，呼为朱槿。" 明代徐渭《闻里中有买得扶桑花者》诗之一："忆别汤江五十霜，蛮花长忆烂扶桑。"清代吴震方《岭南杂记》卷下："扶桑花，粤中处处有之，叶似桑而略小，有大红、浅红、黄三色，大者开泛如芍药，朝开暮落，落已复开，自3月至10月不绝。"

## 玫瑰战争 〉

英国人和美国人习惯把色彩艳丽、芳香浓郁的玫瑰看做"友谊之花"和"爱情之花",往往把玫瑰花作为高尚馈赠的礼物,情人们更以互赠玫瑰表达爱情。两国人民还把玫瑰花比做花中皇后。

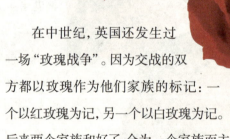

在中世纪,英国还发生过一场"玫瑰战争"。因为交战的双方都以玫瑰作为他们家族的标记:一个以红玫瑰为记,另一个以白玫瑰为记。后来两个家族和好了,合为一个家族而主持      王位,便以红玫瑰作为王室的标记。从那以后,红玫瑰一直成为英格兰王室的标记,而英国的国花,也正是从王室所用的图案标记而来的。

美国在广泛进行民意测验的基础上,于1986年9月23日由国会众议院通过了把玫瑰定为美国的国花。在美国有些州,早已把玫瑰定为州花了。

玫瑰是蔷薇科的落叶灌木,羽状复叶,叶的背面密生绒毛,小枝上还密生皮刺,所以又称刺玫瑰。玫瑰花朵单生于枝顶,有红、紫、白等色,都有迷人的清香。它适于栽植在花坛和庭院中,宜做瓶插,布置于客厅中。

把玫瑰定为国花的国家,欧洲还有卢森堡、保加利亚和捷克斯洛伐克,中亚还有伊朗、伊拉克和叙利亚。伊朗的玫瑰和石油、地毯并称为"伊朗三宝"。

**十二月令花与花神**

　　关于百花的传说数不胜数，其中以农历中的十二个月令的代表花与掌管十二月令的花神的传说最令人神往。这十二月令的花与花神，因地区以及个人喜爱的不同而有些差异。其中最广受人流传的则分别是：正月梅花花神；二月杏花花神；三月桃花花神；四月牡丹花花神；五月石榴花花神；六月荷花花神；七月蜀葵花神；八月桂花花神；九月菊花花神；十月木莲花神；十一月水仙花花神；十二月腊梅花花神。

 **二十四番花信风**

　　以梅花为首，楝花为终。自小寒至谷雨共八气，一百二十日，每五日为一候，计二十四候，每候应一种花信。如：

　　小寒，一候梅花，二候山茶，三候水仙；

　　大寒，一候瑞香，二候兰花，三候山矾；

　　立春，一候迎春，二候樱桃，三候望春；

　　雨水，一候菜花，二候杏花，三候李花；

　　惊蛰，一候桃花，二候棠花，三候蔷薇；

　　春分，一候海棠，二候梨花，三候木兰；

　　清明，一候桐花，二候麦花，三候柳花；

YIHUAYISHIJIE

## 世界著名的三大花园 〉

### • 苏格兰宇宙思考花园

苏格兰宇宙思考花园位于苏格兰西南部的邓弗里斯，它是著名建筑评论家查尔斯·詹克斯（Charles Jencks）于 1990 年建造的私家花园。花园的建造设计源自科学和数学的灵感，建造者充分利用地形来表现这些主题，如黑洞、分形等。尽管是私家花园，但是它通过苏格兰花园计划（Scotland's Gardens Scheme, SGS）每年开放一天以为慈善团体麦琪癌症中心（Maggie's Centres）筹款。

84

## • 荷兰库肯霍夫花园

库肯霍夫公园位于荷兰北荷兰省阿姆斯特丹内盛产花田的城市 — 丽丝 (Lisse)，占地 32 公顷，拥有"欧洲花园"之称。库肯霍夫公园在 15 世纪时原是一位伯爵夫人的狩猎场，并在后院种植药草香料等烹调食用的植物，因此将此地命名为"Keukenhof"，也就是荷兰文的 keuken（厨房）和 hof（花园）合起来之意。

1830 年库肯霍夫的景观设计以英式风格为主而雏型，直到 1949 年一群花农将库肯霍夫此地规划成一个开放空间的花卉公园，至今已成为国际知名的花园典范，也是民众来荷兰阿姆斯特丹赏花的热门观光景点。每年 3 月初至 6 月，在这个世界上最大的郁金香公园所在地，库肯霍夫会举办盛大的郁金香花展。

## • 泰国东芭乐园

东芭乐园是泰国人文旅游的精华，位于泰国旅游胜地芭堤雅市附近，占地 1600 多亩，是一个泰式乡村风格的休闲兼度假公园。公园是皮希特先生和东芭夫人于 1954 年买下的，其于 1980 年对公众开放时取此名。

85

# ● 花的语言

**花**语是指人们用花来表达人的语言，表达人的某种感情与愿望，在一定的历史条件下逐渐约定形成的，为一定范围人群所公认的信息交流形式。赏花要懂花语，花语构成花卉文化的核心，在花卉交流中，花语虽无声，但此时无声胜有声，其中的涵义和情感表达甚于言语。不能因为想表达自己的一番心意而在未了解花语时就乱送别人鲜花，结果只会引来别人的误会。

花语最早起源于古希腊，那个时候不止是花，叶子、果树都有一定的含义。在希腊神话里记载过爱神出生时创造了玫瑰的故事，玫瑰从那个时代起就成为了爱情的代名词。

真正花语盛行是在法国皇室时期，贵族们将民间对于花卉的资料整理建档，里面就包括了花语的信息，这样的信息在宫廷后期的园林建筑中得到了完美的体现。花语随即流行到英国与美国，是由一些作家创造出来，主要用来出版礼物书籍，特别是提供给当时上流社会女士们休闲时翻阅之用。

大众对于花语的接受是在19世纪，那个时候的社会风气还不是十分开放，在大庭广众下表达爱意是难为情的事情，所以恋人间赠送的花卉就成为了爱情的信使。

随着时代的发展，花卉成了社交的一种赠与品，更加完善的花语代表了赠送者的意图。

## 母爱之花——鲁冰花 〉

20世纪90年代初期，电影《鲁冰花》像一首伤感而深沉的诗，成为流行歌曲中歌颂母爱的经典名曲。虽然许多人对此歌都非常熟悉，但是却不大知道什么是鲁冰花。也有人误以为鲁冰花是电影里面主人公母亲的名字，其实这首歌里唱到的鲁冰花是一种蝶形花科植物——多叶羽扇豆，"鲁冰花"的名字源于其属名"Lupinus"的发音，直译为"野狼"，寓意这种植物与野狼一样，生命力顽强，易于栽植。

鲁冰花原产北美西部墨西哥高原地区，后传至欧洲，我国台湾高山地区多有引种栽培，鲁冰花的根部具有根瘤菌，在根瘤菌中固氮酶的作用下，能将空气中的氮气合成氨及其他含氮有机化合物，从而增加土壤的肥力。所以台湾山地的茶农在种植茶树时，特别是种植高山云雾茶时，常常在茶山周边、甚至是茶树附近种上鲁冰花，以帮助茶树健康生长，并且还可以让茶叶更加芳香甜美。

在电影里面，鲁冰花用来象征母爱，它开满乡间田野，点染农村景致，而在花叶凋零后化做春泥更护花，正如同世间最真挚的爱——母爱一样无私和伟大。由于鲁冰花总是在5月份的母亲节前后开花，因此鲁冰花在台湾被形象地称为"母亲花"。

鲁冰花为穗状花序，高高的花葶直立着，一般都会高出叶片之外，花朵聚集生长在花葶的上部，每一束都有几十朵小花，颜色有白色、蓝色、粉色、紫色、紫红色、紫白相间等，盛开时色彩艳丽、激情四溢，让人目不暇接。

### 真爱之花——勿忘我 〉

　　原产于欧亚大陆。多年生草本植物,叶互生,狭倒披针形或条状倒披针形。喜阴,耐湿,易自播繁殖。勿忘我花小巧秀丽,蓝色花朵中央有一圈黄色心蕊,色彩搭配和谐醒目,尤其是卷伞花序随着花朵的开放逐渐伸长,半含半露,惹人喜爱,令人难忘。在德国、意大利等国家,有许多散文、诗词和小说作家以勿忘我来描述相思与痴情。人们认为只要将勿忘我带在身上,恋人就会将自己铭记于心、永志不忘。在这蓝色小花的背后,还有个流传于欧美民间的浪漫爱情故事。相传一位德国骑士与他的恋人漫步在多瑙河畔。偶然瞥见河畔绽放着蓝色花朵的小花。骑士不顾生命危险探身摘花,不料失足掉入急流中。自知无法获救的骑士说了一句"Don't forget me!"便把那朵蓝色的花朵扔向恋人,随即消失在水中。此后骑士的恋人日夜将蓝色小花戴在发际,用以显示对恋人至死不渝与坚贞不移的爱。而那朵蓝色花朵,便因此被称做"勿忘我",其花语便是"不要忘记我"、"真实的爱"、"真爱"。

# ● 花卉之最

## 世界上最大的花——大王花 〉

生长在印度尼西亚苏门答腊森林的大王花（原名叫拉弗尔斯·阿诺尔蒂花）是世界上最大的花，其直径长可达1.5米。它无根、无茎、无叶，寄生在其他植物上。该花肉质多，颜色五彩斑斓，花瓣上满布斑点，5片花瓣平均厚约1.4厘米，散发强烈的腐臭。味道就像肉腐烂时发出的气味。因此，在它的"老家"印度尼西亚，人们也经常把它叫做"尸体草"。花心呈面盆形状，可以盛5—6升水。

## 世界上最小的花——无根萍 〉

无根萍以自己微小而带花的个体，给植物世界创造了"最小的有花植物"纪录。无根萍是浮萍的一种，它的个子太小了，长只有1毫米多，宽不到1毫米，比芝麻还小得多。无根萍的外形同一般萍很相似，它们上面平坦，底下隆起。顾名思义，这种植物是没有根的。有趣的是，这种微小的植物也有花，花当然更小，只有针尖般大，在显微镜下才能看到。"无根萍"是世界上最小的花，直径只有

0.4cm—0.8cm。它占了三项世界之最：世界最小的开花植物、世界上花最小的植物、世界上果实最小的植物。

## 世界最高的花——巨花蒟蒻 〉

巨花蒟蒻,是一种多年生的草本植物,地下部分有硕大无比的扁球形块茎。巨花蒟蒻是一支由数千朵小花组成的肉穗花序,如倒立百褶裙的佛焰苞,直径即有90—120cm,整个花序高度的纪录为210—360cm,如此巨大,相较之下,连人都显得渺小。通常7年才开一次花,但只有绽放短短2天的时间。果实为一颗颗直径达15cm的猩红色巨大浆果。叶柄可高达6cm,完全展开的叶子可横跨450cm的范围。

## 颜色和品种最多的花——月季 〉

颜色和品种最多的花是月季花。目前,月季的品种已达到20000多种。月季花的颜色也是花中最丰富的,有红、橙、白、紫,还有混色、串色、丝色、复色、镶边以及罕见的蓝色、咖啡色等。

## 世界上生命周期最短的植物——短命菊 〉

短命菊是世界上生命周期最短的植物,它的寿命还不到一个月。这种生活习性是它适应特殊生存环境的结果。 短命菊又叫"齿子草",是菊科植物,生活在非洲撒哈拉大沙漠中。那里长期干旱,很少降雨。许多沙漠植物都有退化的叶片、保存水分的本领来适应干旱环境。短命菊却与众不同,它形成了迅速生长和成熟的特殊习性。只要沙漠里稍微降了一点雨,地面稍稍有点湿润,它就立刻发芽,生长开花。整个生命周期,只有短短的三四个星期。

它的舌状花排列在头状花序周围,像锯齿一样。有趣的是,短命菊的花对湿度极其敏感,空气干燥时就赶快闭合起来;稍稍湿润时就迅速开放,快速结果。果实熟了,缩成球形,随风飘滚,传播他乡,繁衍后代。由于它生命短促,来去匆匆,所以称为"短命菊"。

## 世界上最大的花卉生产出口国——荷兰 〉

荷兰是世界上最大的花卉生产出口国,同时还是花卉的消费大国,人均花卉消费居世界第一,全国每年人均鲜花消费量高达150支以上,远远高于居第二位的法国(年人均鲜花消费80支)。

世界上最大的花卉拍卖市场是荷兰的阿斯米尔花卉拍卖场,占地71万平方米,相当于120个足球场大,有5个拍卖大厅,13个电子拍卖钟,每天拍卖鲜切花35亿支,盆栽植物3.7亿盆,经营额占全荷兰7个拍卖场经营总额的43%,其中85%的产品出口。

## 世界上最罕见的七种花 〉

1.豹皮花:只产于巴地丝岛。

2.淡烟色郁金香:只产于阿尔卑斯山北麓。

3.火红郁金香:只产于荷兰的米皮亚小镇的一个山坳中。

4.芹叶铁线莲:南美独有品种,面积不过一公顷。

5.绿色玫瑰:属自然变异品种,极为罕见。

6.昙花:花种并不罕见,但花时极短,很少有人亲眼一见。

7.羊乳花:土耳其特有品种,年产80株。

93

# ● 珍稀的花

### 虎颜花 >

属于野牡丹科虎颜花属，现为国家一级保护植物。本属植物只有虎颜花1种，产于我国广东阳春市、茂名市、高州市。罕见的野生观赏植物，多年生常绿草本，茎极短，被红色粗硬毛，具粗短的根状茎，略木质化；叶基生，叶片膜质，心形，顶端近圆形，边缘具细齿，基部心形，长宽20—30cm或更大，叶面无毛，叶背被红色绒毛；叶柄圆柱形，肉质，被红色粗硬毛；蝎尾状聚伞花序腋生，花瓣5，暗红色，蒴果漏斗状杯形，花期约11月下旬，果期3—5月。

上世纪70年代中国科学院科研人员在阳春鹅凰嶂进行植被考察时，首次发现了这种叶大花小，花形态奇特，叶面布满虎纹斑点的花，公布后引起了世界上植物界的关注。随后虎颜花被中国列为一级濒危保护植物，并且写进了《中国植物红皮书》，受到全球人类的保护。根据国际自然保护联盟1994年濒危物种新等级系统，虎颜花被列为极危种，有着重要的科研价值。

## 茶族皇后——金花茶 >

如今，山茶园里的明星非金花茶莫属，它金黄的花色实属罕见，娇羞可人的花朵微低着头悬垂于枝头，满树灿烂。金花茶为山茶科常绿灌木或小乔木，高约2—5m，花金黄色，耀眼夺目，仿佛涂着一层蜡，晶莹而油润，似有半透明之感。其花不但娇艳多姿，秀丽雅致，且花期长，冬季开花，可延续至翌年3月。

全世界约有几千个茶花品种，它们花色艳丽，是世界著名的观赏花卉。可令人奇怪的是，虽然山茶花色彩缤纷，但在过去很长时间却没有黄色的茶花，因此寻找开黄花的山茶花，曾经成为中外园艺家的美好愿望。直到20世纪60年代，我国植物学者终于在广西南宁的坛洛乡发现了山茶花的稀世珍品——黄色花的金花茶，为我国特有品种。金花茶的发现轰动了世界园艺学界，认为它是培育金黄色山茶花品种的优良原始材料，具有很高的观赏、科研和开发利用价值，被冠以"茶族皇后"的美称。由于金花茶分布区少，已列为国家一级重点保护植物，被誉为"植物界的大熊猫"。

金花茶除作观赏外，还有较高的经济价值。可入药、做食用染料；木材质地坚硬，可做雕刻；种子可榨油、食用或工业上用。

广西是金花茶的现代地理分布中心，被誉为金花茶的故乡。

### 花似金币的聚石斛 〉

聚石斛开花了，短小的肉质茎附满树干，细长的花枝悬垂下来，微风吹过，一串串橘黄色外形似金币的花朵随风舞动，十分可爱。

聚石斛，附生兰，假鳞茎密集附生于树干上，纺锤形，两侧压扁，具2—5节，又名"上树虾"。顶生叶1枚，矩圆形，先端钝或微凹，边缘多少波状；6月开花，总状花序生于新茎上部节上，有花5—12朵，橙黄色，唇瓣近圆形，质地薄，形如金币，非常美丽。

聚石斛是国家一级野生保护植物。性喜温暖、湿润、阳光充足的环境，药用全草，润肺止咳，滋阴养胃。原产亚洲热带地区，我国广东、广西、海南等地有分布。

## 珙桐花 〉

又名"鸽子花"，素有"中国鸽子树"之美誉。春末夏初，万千朵"鸽子花"，在珙桐林中竞相怒放，汇成峨眉山一大植物景观，人称"珙桐翔鸽"。

珙桐是1000万年前留下来的孑遗植物，人称"植物活化石"，是我国的珍稀植物。它成片生长在峨眉山中山地区的九老洞、仙峰寺到遇仙寺之间，一直延续到洗象池。桐林深秀，静若太古，云天一碧，夏令如秋。西面，群峰绵延，仙掌峰、观音岩、长寿岩耸翠排空，时有朵朵白云逗留山顶；东面，山崖涧谷相连，藤萝蔓草缠绕，远山云影，极千里。在蜿蜒7.5公里游山道旁，珙桐与各种阔叶树组成一道绿色长廊；在峰岩下，山崖上，涧溪边，幽谷里，林海花簇相拥，白花绿叶相间，甚为美观。

## 长蕊木兰 〉

属于木兰科，常绿乔木，高可达30m，胸径可达60cm。叶革质，长圆状倒卵形或长圆状椭圆形。花纯白色，长5.5—6cm，宽2—2.5cm，无托叶痕，气味芳香。

生长于海拔1200—2400m、的山地常绿阔叶林中。偏阳性树种，多生长在山地上部东南坡或山脊上，幼树需要在全光照下生长。土壤要求为酸性，有机质含量高。花期5月，果期9—0月。

零星分布于云南东南部及西藏墨脱。为木兰科的单种属植物，对研究植物区系有一定的价值。树干通直，木材优良，花美观而芳香，为产区的稀珍造林树种，也可做城乡庭园绿化树种。

# 一花一世界

YIHUAYISHIJIE

## 藤枣 >

别名苦枣,属于防己科,木质藤本。嫩枝稍有柔毛。叶革质,卵形或卵状椭圆形,长9.5—22cm。雄花序有花1—3枚,簇生状,着生落叶腋部,花瓣、雄蕊都为6枚。果序着生于无叶的老枝上着,核果椭圆形,成熟时橙红色,长2.5—3cm,直径1.7—2.5cm。种子椭圆形,长1.5—1.7cm。

为低山沟植物,生于海拔620米低山沟谷季节雨林边缘。土壤为紫色砂岩形成的黄壤,有机质层厚。果期2—3月。

目前仅见于云南西双版纳景洪,个体极少,经调查只见到唯一结果的一株,在中国属独属独种,应积极采取有效措施加以保护。

## 萼翅藤 >

属于使君子科,常绿蔓生大藤木,高5—10m,最长20m,茎的直径5—10cm。茎皮灰白色,枝纤细,密被柔毛。叶对生,革质、卵形或椭圆形,长5—12cm。总状花序腋生或集生枝顶,形成大型聚伞状花序;花小,苞片卵形或椭圆形,密被柔毛;雄蕊10,2轮排列;子房1室,胚珠3,悬垂。假翅果被柔毛,长约8毫米,具5棱,宿存萼片5,增大为翅状,长10—14mm,被毛。

生长于气温较高、雨量丰沛、干湿季明显的亚洲热带山地。土壤为砖红壤,PH值4.5—5.5。花期3—4月,果期6—8月。

在中国仅发现于云南省盈江县那邦霸后山海拔300—650m处。缅甸、印度和新加坡也有分布。其在中国的分布,有力地说明中国云南西部属于热带北缘气候,有重要科研价值。叶可用做强壮药和去毒药,果可制兴奋剂。

98

## 膝柄木 〉

属于卫矛科，半常绿乔木，高13m，胸径60cm。树皮黄褐色，有发达的板状根。叶薄革质，长圆形或长圆状披针形，长9—17cm，叶脉线密成格状。总状花序生于枝梢叶腋，长 2—3cm，花淡白色，花瓣5瓣，长圆形着生于花盘外围；雄蕊5枚；子房球形，顶端具有一丛长毛。蒴果长卵圆形，长2.5—2.8cm。种子1枚，长约2cm，种皮黑褐色有光泽；假种皮为肉质，全部或近全部包着种子，黄褐色。

近年发现的热带树种。生长于距海岸不远、海拔约50米的丘陵坡地上。与其伴生的主要植物有豹皮樟、潺槁木姜子、红枝薄桃和山小桔等。露出地面的板根，能萌发出新植株。

仅分布于广西合浦，产地仅发现一株大树，很少开花结实，林下未见幼树。也是该属分布的最北端，对研究中国植物区系有重要科学意义。

YIHUAYISHIJIE

### 异形玉叶金花 〉

属于茜草科玉叶金花属，攀缘灌木。小枝灰褐色，皮孔明显。叶对生，薄纸质，椭圆形，长13—17cm。聚伞花序顶生，长约6cm，萼片扩大成花瓣状，白色，花冠通常5裂，裂片长约3mm。浆果长6—10mm，直径4～8mm。

主要生长在山谷土壤湿润、但阳光比较充足的地方，所在地年平均温17℃，年雨量度1800mm左右。土壤为黄壤，PH值4.5—5.5。攀缘在中下层乔木树干之上，密茂的森林或灌丛中都比较少见。

仅见于广西大瑶山。1936年在广西瑶山首次采得标本，但近几年多次去大瑶山调查采集都没再找到。本种是中国

玉叶金花属中极少见的种类，形态特殊，有重要科研价值。

## 药界大熊猫——金钗石斛 〉

金钗石斛,兰科多年生草本,主要附生林中树上和悬崖绝壁的岩石上,主产云贵川等地海拔较高的地区。为我国传统名贵中药材,又称"千年润、千年草",传说它是王母娘娘栽种的长生不老仙草,为我国古代文献中记载的九大仙草之一,被国际药用植物界称为"药界大熊猫"。

金钗石斛的茎呈微扁形,中部宽,两头窄;表面金黄色或绿黄色,具有光泽,形如古代人们用来绾住头发的半月形"黄金发簪",故得名"金钗石斛"。它的花也颇具观赏性,花形较大,呈悬垂状,俗称吊兰花,长长的花梗呈紫红色,花被白色中带着淡淡的红色,圆形的唇瓣周边纯白,中间包裹着一团深紫,看起来有几分熊猫脸的感觉。

金钗石斛集观赏及药用价值于一身,以茎干入药,具有滋阴清热、生津止渴的神奇功效,为药中上品,自唐宋以来,历代皇帝都把它们定为贡品。1970年,周总理也曾将金钗石斛作为珍贵礼物送给病中的越南共产党主席胡志明。

长期以来由于无节制的采挖,加之金钗石斛自然繁殖率低、生长缓慢,致使野生金钗石斛濒临灭绝,被列入《野生动植物濒危物种国际贸易公约》进行保护,我国也将其列为国家Ⅱ级保护植物。

# ● 像动物的花

### 憨态可掬熊猫花——大花细辛 〉

　　大花细辛因其花酷似卡通版的大熊猫，也被称为"熊猫花"，又因其人工不易栽培，花更是难得一见，所以它在业内人士眼中也是如国宝一般珍贵。大花细辛是马兜铃科细辛属多年生草本植物。它有着浅黄色匍匐的根状茎，根肉质，顶端通常生二片叶，叶片类似心形，有不同的花纹，质地较厚，叶柄肉质；花开在根状茎顶端，最大直径达6cm，紫褐色，基部有白色的皱纹，打眼看来酷似大熊猫。

　　大花细辛主要分布于广东北部、江西、湖南、湖北和四川等地。生存环境多处于山坡上的林下和溪边阴湿处。大花细辛全草可入药，性温味辛，可散寒止咳，用于风寒感冒、头痛、咳喘、风湿痛、四肢麻木、跌伤等。

## 万鸟栖枝禾雀花 >

又叫雀儿花。通常有白花油麻藤,花白色;美叶油麻藤,花紫色;常绿油麻藤,花深紫色等几种。为蝶形花科油麻藤属木质藤本植物。其花形酷似雀鸟,吊挂成串有如禾雀飞舞。花五瓣,多白色,也有粉色、紫色,甚至紫黑色,每朵花似一只小鸟。花开在藤蔓上,吊挂成串,每串二三十朵不等,串串下垂,有如万鸟栖枝,神形兼备,令人叹为观止。每年3—4月下旬开花。花瓣淡绿色,有两块花瓣会卷拢成翅状,风情万种,十分迷人,颇具观赏价值。

## 翩翩白鹭枝上飞——白鹭花 >

白鹭是一种在南欧和亚洲发现的长得像鹳的鸟。因为白鹭花外形酷似飞行的白鹭,所以获得这个好听的名字。

103

### 俏皮可爱的小金鱼——金鱼花 >

　　金鱼花，其花朵俏皮可爱酷似小金鱼，两端小，中部膨大，像极了金鱼的大肚子，身上带着若隐若现的彩色斑纹，前端有个小开口，含苞时似静卧水中闭目养神，绽放后又如张大嘴巴等待食物，形神俱似，惟妙惟肖。正值盛花期的金花，枝蔓上缀满了艳丽的花朵，就像一群群调皮的小金鱼浮游在葱绿的水草之间。

　　金鱼花，又称袋鼠花，为苦苣苔科金鱼花属多年生常绿革质藤本植物，在原产地常附生于树干和岩石上。茎蔓生，枝条细长下垂，密被棕色茸毛；叶革质，浓绿有光泽，叶片排列整齐紧凑；花生于叶腋，花合瓣筒状，花瓣2唇状，拱状弯曲，花色橘黄，花期从冬季至翌春。它既能观叶又可赏花，适宜做室内垂盆或吊篮栽培，置于柜顶、几架或窗台垂吊，观赏效果极佳。

## 群鸽拥吻——耧斗花 >

耧斗菜是一种美丽的野生花卉，花朵别有风韵，因其花形似古代的一种播种工具耧斗而得中文名，也称耧斗花；同时，又因其花朵垂吊的样子像一群鸽子在空中亲密拥吻，故获英文名"Columbine"，意思为"似鸽子一样纯洁的"。

耧斗菜是毛茛科耧斗菜属植物，多年生草本，原产于欧洲和北美。耧斗菜花形独特，花瓣5片，各有一弯曲的"嘴"，这是耧斗菜花最突出的地方，且颜色丰富，花期较长，观赏价值很高；根含糖类，可用来制糖或酿酒；种子含油；全草可入药。

### 花姿独特优美的章鱼兰 〉

章鱼兰形如海中小章鱼而得名,又因唇瓣宛若美丽的扇贝壳而称为扇贝兰。其花姿独特,是一种观赏价值极高的附生兰;假鳞茎扁椭圆形,总状花序从假鳞茎抽出,唇瓣紫黑色带黄色条纹,位于花的上部,反转形成扇贝状罩住花柱;花朵次第开放,花期长达4—5个月。

章鱼兰原产中美洲、西印度群岛、哥伦比亚、委内瑞拉和美国佛罗里达等地,因其花姿独特、花期长,园艺上已培育了不少品种,备受人们的青睐。

### 长在树上的虾子红了——虾子花 〉

虾子花,一种美丽而独特的观赏植物。花如其名,就像一只只小虾,弓着身体,涨红了脸,在风中挥舞着须爪。

虾子花是千屈菜科虾子花属,该属仅2种,它是一种山郊野花,常生于路旁、河边、山坡的向阳地。原产马达加斯加、印度至我国西南部。虾子花高1.5—3m;叶对生,背有黑色腺点;花萼筒状,虾红色,口部略偏斜,萼齿之间有小附属体;花瓣6片,生于萼齿间,雄蕊及丝状花柱稍突出于花萼外。花期为3—4月。虾子花还有一个别名:吴福花(《广州植物志》),虽然名为吴福("无福"),但其根、花可入药,有着调经活血、凉血止血、通经活络的功效。

## 如仙鹤般飘逸的鹤顶兰 >

鹤顶兰为兰科鹤顶兰属多年生常绿草本，属于地生兰。原产亚洲热带，我国福建、广东、广西、云南、海南、台湾均有分布，生于林缘或溪谷旁荫蔽湿润处。

鹤顶兰的花期3—6月，花开时，筒状唇瓣，与另外5个花被片巧妙组合，宛如仙鹤展翅飞翔；它的花被片的背面为白色，唇瓣为红色，因此又被称为"花白心红"。鹤顶兰的假鳞茎可入药，具有清热止咳、活血止血的功效，主治咳嗽、多痰咳血、外伤出血等。

## 展翅翩飞翡翠鸟——翡翠葛 >

翡翠葛又叫碧玉藤，蝶形花科碧玉藤属常绿木质藤本。嫩叶紫红色，在阳光的沐浴下逐渐变得浓绿。暮春至初夏，花朵沿着花梗呈平展状生长，每一串花有数十朵，花碧玉色透蓝色光泽，龙骨瓣向上翘起，呈鹦鹉喙状，每一朵盛开的花像是一只翡翠雕琢而成的小鸟。花儿一串挨着一串，一朵接着一朵，犹如一群鸟儿振翅起飞，好不热闹！

翡翠葛生于菲律宾的热带雨林中，不耐霜冻，喜全光照，宜种植在中性至酸性的土壤中，可用茎扦插繁殖，是一种优良的绿化攀缘植物。它独特的外表及稀有的色彩使得它特别引人注目，极受花友们的追捧，也许是"物以稀为贵"吧！

# ● 奇异的花

### "莲中之王"——王莲 〉

在南美洲的亚马逊河流域，生长着世界上最大的王莲。王莲的叶子直径有2m多，最大的可达4m。叶的边缘向上卷起，像一个巨大的盆子。叶子正面呈淡绿色，十分光滑，背面呈土红色，密布着中空而坚实的粗壮叶脉和刺毛，成为坚固的支撑，能防止动物破坏。叶子里面有许多充满气体的洼窝，从而使叶子获得了很大的浮力。一个二三十千克重的孩子坐在叶面上玩耍也不会有危险，即使在上面均匀地铺上70千克的沙子，也不会沉没。王莲的花很大，花朵直径可达到30—40cm，中心鲜红，边缘雪白，非常好看，傍晚开放，第二天早晨闭合。第二天傍晚再开时，花色逐渐变为淡红到紫红色。花的雄蕊和柱头离得较远，依靠香味引昆虫替它传授花粉。王莲的果子圆圆的，因为每个果实中约有200—300粒种子，种子又含大量淀粉，所以人们又称它为"水中玉米"。

## 飞花似流星——蜂出巢 〉

在美丽星空下，看流星划过天空，惬意之余亦不禁惋惜流星刹那即逝的辉煌与灿烂。然而，神奇的植物界却创造了一颗永恒的"流星"来弥补这一遗憾，那就是蜂出巢，又称流星球兰，因它的副花冠基部延生角状长距，呈流星状射出而得名。对着流星许愿是浪漫的传说，但在流星球兰的花前许愿，或许能让你梦想成真呢！

蜂出巢为萝藦科直立灌木，其花有别于其他球兰而从球兰属归入蜂出巢属。分布于我国云南、广西以及东南亚。

叶纸质，椭圆状。伞状聚伞花序腋外生或顶生，开花15—25朵；花冠黄白色，开放后强度反折；花可开十多天，散发淡淡的柠檬香味，花后花序梗会脱落；几乎常年开花。蜂出巢花朵密集，黄白色花冠壮如蜜蜂出巢之态，又似万箭齐发，十分奇特。

## 泰国倒吊笔 〉

泰国倒吊笔洁白无瑕的小花挂满了枝头,散发出幽幽淡香,沁人心脾。泰国倒吊笔,又名水梅、无冠倒吊笔,夹竹桃科灌木或小乔木,原产于泰国和越南。树高可达6m,枝条四散生长,叶对生。聚伞花序顶生于小枝端,春至秋季开满秀气的花朵,花瓣5枚,形如梅花,在雨后或湿度大的环境下,香味会更馨香,故名水梅。蓇葖果长线形,2个对生,状如豆荚;种子倒生,顶端具白色绢质种毛。

泰国倒吊笔是东南亚的重要绿篱植物,在泰国、越南等地,经常种植于寺庙内。分枝性好、枝叶浓密、花朵芳香,是制作盆景的优良树种,也常被雕塑成各种图案于公园中造景。根和叶供药用,根可治皮肤病,叶有止痛和降血压等功效。

### 身手不凡的杂技师—垂花水竹芋 〉

　　垂花水竹芋细丝状的花亭,一根根高高的挺出叶面,延伸出植株2倍高度。蝶状花朵倒挂在之字形的花梗下,在微风中轻轻晃荡,姿态飘逸,像身手不凡的杂技师在做高空舞蹈。

　　垂花水竹芋,别名红鞘水竹芋、红鞘再力花,属竹芋科水竹芋属多年生挺水植物,株高1—2m,地下具根茎。叶鞘为红褐色,叶片长卵圆形,先端尖,基部圆形,

全缘,叶脉明显;花茎可达3米,直立,穗状花序细长,弯垂,花不断开放,花梗呈之字形;苞片具细茸毛,花瓣4枚,上部两枚淡紫色,下部两枚白色,状似蝴蝶,花期通常在6—11月。

　　产于中非及美洲,生于沼泽及河岸边。与它的同门姐妹再力花相比,植株更为高大,花序下垂、耐寒性较差。通常将其用作水景绿化的上品花卉,广泛用于湿地景观布置,群植于水池边沿或水生低地,形成独特的水景景观。

### 别致的"拇指"小灯笼——蔓性风铃花〉

蔓性风铃花又叫悬风铃花、巴西苘麻、红萼苘麻、灯笼风铃，属于锦葵科苘麻属的常绿灌木。叶绿色，心形，叶端尖，叶缘有钝锯齿，有时分裂，有细长的叶柄。其花生于叶腋，具长梗，下垂；花萼红色，半套着黄色的花瓣；花蕊深棕色，伸出花瓣，显得神秘而可爱。在适宜的环境中全年都可开花。

原产于南美洲巴西，其枝蔓柔软，分枝较多，似乎显得有些娇弱，但是很适合吊盆栽种观赏，或者设立支架供其攀爬，便可长出你想要的造型。喜温暖湿润和阳光充足的环境，也耐半荫，不耐寒，也不耐旱，适宜在疏松透气、含腐殖质丰富的土壤中生长。栽培中注意摘心，以促进分枝，使其多开花。常用扦插和压条的方法繁殖。

112

## 时下最火的杂技师——网球花 〉

网球花，形如其名，顶生的花茎上密集近百朵小花，嫣红的小花朵呈球形排列，形成一个浑圆可爱的"大火球"。被针形的花瓣伸展开来，交错编织，就像舞台上可爱的精灵手拉着手悬空表演，看来时下最火的"杂技师"非它莫属了。

网球花，别名火球花、网球石蒜，是石蒜科网球花属多年生草本球根花卉。在我国常见的同属"兄弟"还有虎耳兰、绣球百合等，都具有很高的观赏价值。网球花具有扁平球状鳞茎，春末随着温度上升，叶子从鳞茎上部的短茎抽出，条形。当叶片达4—5片时便抽生花柱，花柱下面有淡绿色的佛焰苞。球状伞形花序顶生，上面有几十至上百朵花序组成，花为鲜红色，雄蕊长于花被，花药黄色，看去四射如球。每年只开花一次，花期集中5—7月，一个花球只能持续10天左右，花谢后结圆形浆果。

原产于热带非洲的网球花，喜温暖、湿润及半阴环境，生长期适温20—30℃，在我国只有云南有野生分布，在长江中下游地区适合室内栽培，其花大色艳，观赏效果极佳，也可做切花材料。此外，网球花的鳞茎具有小毒，同时也有药用功能，能消肿止痛。

113

### 可爱的精灵娃娃——伞花卷瓣兰 〉

可爱的精灵娃娃悄悄地从绿叶丛中跑出来,一个、两个、三个……越来越多。他们三五成群,在绿色的小乐园里和着春风轻柔的旋律跳起舞来,忘情地玩耍。是谁家的淘气可爱的娃娃呢?原来是兰科石豆兰属的伞花卷瓣兰的花宝宝们。

伞花卷瓣兰又名伞形卷瓣兰,多年生附生植物,具匍匐根状茎。绿色假鳞茎在根状茎上,顶端具1枚叶。花葶从假鳞茎基部抽出,3—5朵花组成伞形花序,犹如绿叶丛中撑起了一把把精巧的漂亮雨伞。花淡黄绿色,有稍深色泽的脉纹,中萼片与花瓣先端染了红色,侧萼片稍向内扭转,唇瓣肉质、舌状。随着时间的推移,花色逐渐变为玫红色,更讨人喜欢。

伞花卷瓣兰来自于云南、四川、西藏、台湾的山地林中,可盆栽观赏或附生于庭院的树干上或假山石上,花开时节,万绿丛中点点红,给庭院带来了生机和乐趣。

114

## 林间火凤凰——洋金凤 〉

　　洋金凤豆科,云实属常绿灌木,别名金凤花、蛱蝶花、黄蝴蝶、黄金凤。原产热带地区,我国南方各地庭园常栽培。高可达3m;叶二回羽状复叶,小叶长椭圆形略偏斜,先端圆,微缺,基部圆形。总状花序开阔,顶生或腋生。花瓣圆形具柄,黄色或橙红色,边缘呈波状皱折,有明显爪。荚果近长条形,扁平。花期长,在华南地区可全年开花。

　　洋金凤树姿态优美,常年有花,为园林绿化优良树种,适于花架、篱笆攀缘绿化。种子可榨油及药用,根、茎、果均可入药。洋金凤树形轻盈婀娜,优美动人。在阳光的照射下,鲜红色或橙黄色的花儿交相辉映,像传说中的火凤凰在林间飞舞。

115

## 形似足球的花——球兰 >

球兰又称腊
兰、腊花、瓷花、
腊泉花等，为萝
摩科球兰属多年
生常绿蔓性草本
植物。肉质茎，
附着于它物上生
长，茎节上有短
气生根；叶厚多
肉，匀称地对生
在枝蔓上，也有
三叶簇生，有全
绿、斑叶、皱叶、
心叶等品种。球
兰盛夏开花，在

叶腋中抽出近似球形的聚伞花序，花冠
肉质如腊，白色或带粉红红晕，心部淡红
色或褐色，副花冠放射呈星状，每一个花
瓣都毛绒绒，远看像一个花球，细看像
晶莹剔透的小点心，可爱动人。

原产于东南亚、澳大利亚，在我国南
部的山林中也有分布。目前园艺品种很
多，叶片和花朵都有很多不同之处，非常
奇妙。由于它的茎、花、叶均美丽，具有
很高的欣赏价值，养护又省力，近年来很
受人们的喜爱。

## 魔幻般外形的大叶石斛 >

大叶石斛,原产印尼、新几内亚、菲律宾,通常附生于密林的树干或石头上。大叶石斛的茎干粗壮,叶片宽大,花朵清爽靓丽,观赏期较长,是一种造型优美、独特奇异的珍贵兰花。每逢春夏季,直立或弯曲的总状花序从叶腋冒出,开花6—8朵;花瓣稍扭曲,白中透绿,花萼黄绿色,外部密被绿色短刚毛;唇瓣发达,形状独特,上半部嵌有紫红色条纹,下半部饰有紫红色斑点,十分醒目而奇异。其外貌如同游戏中的魔法师,显著的唇瓣似巫师身穿的华丽精致的丝绸长袍,上面绣着紫红色条纹;尖尖的花瓣与花萼如魔法师头戴的尖顶头冠,惟妙惟肖。

117

### 酷似美人红妆的花——口红花 >

顾名思义，口红花的花形酷似口红，花萼筒状，黑紫色黑绒毛，很像口红的筒状外壳。花冠筒状，鲜红色，从花萼中伸出，好像从筒中旋出的"口红"，十分精致，故称为口红花。

口红花又名花蔓草，为苦苣苔科芒毛苣苔属多年生常绿蔓生草本花卉。叶对生，叶片卵形、椭圆形或倒卵形，稍带肉质，长4.5cm，宽3cm，叶面浓绿色，叶背浅绿色。花成对生于枝顶端，具短花梗，花期主要在夏季。

由于口红花植株蔓生，枝条下垂，长可达30—100cm，故常栽植于悬篮中作为垂吊植物。口红花原产马来半岛及爪哇等热带亚洲地区，常见种植种有毛萼口红花、斑纹口红花、细萼口红花和美丽口红花等。

118

## 维纳斯女神的拖鞋——杓兰 〉

杓兰,一种广泛分布在北温带高海拔地区的地生兰花,兰科杓兰属。植物的通称,全球约40种,我国有23种,主要分布在青藏高原及横断山区的湿润山谷和高山草甸。

杓兰最显著的特征就是有一个花瓣特化为囊状,远远望去就像一个个开口向上的小口袋,微风轻吹,小口袋随风摇曳,格外可爱。当两朵花并列在一起的时候,这低垂的花瓣酷似一对拖鞋,而且它们生长在终年云雾缭绕、遍地野花的高山之上,所以也被植物学家称为"仙女的拖鞋",即"拖鞋兰",也有人称之为"大口袋花"。巧合的是其拉丁文属名"Cypripedium"的前半部分Cypri- 意为"塞浦路斯",是维纳斯的别名;后半部分-pedium则是足、拖鞋的意思,组合起来就是维纳斯女神的拖鞋。

杓兰的花朵色彩丰富而艳丽、造型抢眼,叶片的形状也相当的高雅,整个植株富于一种奇特的美感,具有极高的观赏价值。同时,杓兰的根状茎可以入药,主治风湿、腰腿疼痛、跌打损伤等。

### 闪耀的大红花——非洲芙蓉 ⟩

非洲芙蓉是梧桐科常绿小乔木，原产非洲，因其叶片像中国的木芙蓉而得名，是一种开花非常美丽的园林观花植物，值得大力推广种植。开花时一团团粉红色的花球垂挂枝头，每个花球由三四十朵小花聚集而成，全开时色彩艳丽，极像配戴胸前的大红花。

## 佛祖的智慧——佛肚树 >

佛祖之所以为人推崇，是因为他有普度众生之慈悲，大肚能容天下难容之事。

而佛肚树的大肚可是为了度过漫长干旱的缺水季节。这种长在沙漠或干旱地区里的花卉，靠着储存在膨大茎部的水分，得以在恶劣的环境下生存。物竞天择，它又何尝不是包容了进化历程中的种种磨难，最终将自己修炼成自然界中一道独特而生机盎然的风景，这是不是也是一种普渡呢？

佛肚树，大戟科麻疯树属的多肉落叶小灌木，原产中美洲西印度群岛等阳光充足的热带地区。株高40—50cm，茎干粗壮，茎端两歧分叉，肉质，中部膨大，呈卵圆状棒形。茎皮粗糙，盾形叶6—8片簇生于枝顶，叶背粉绿色，叶面绿色。聚伞花序顶生，长约15cm，小枝红色，多分枝，似珊瑚一样，故又名珊瑚油桐、玉树珊瑚。花瓣矩圆状倒卵形，橘红色。蒴果椭圆形，种子黑褐色。

其生性强健，株形奇特，一年四季开花不断，栽培容易，是优良的室内盆栽花卉，在南方温暖地区亦可室外栽培，要注意的是作为大戟科植物，其植株同样含有有毒的白色汁液。目前，华南植物园沙漠温室外景区种植了佛肚树。

## 花无百日红，叶可千日艳——红花檵木 >

青春易老，容颜逝去，总是让人扼腕痛惜，平添伤感。也许我们可以学学红花檵木，无惧时光荏苒，虽花无百日红，叶却可千日艳。当韶华逝去，风骨不改，仍保持宜人的气质、翩翩的风度。

红花檵木，常绿灌木或小乔木，檵木的变种。主要分布于长江中下游及以南地区，印度北部也有分布。多分枝，小枝被星状毛。叶革质全缘，越冬老叶暗红色。花3—8朵簇生于总梗上，粉红至紫红色，带状线形，像被调皮的孩子撕成条状的纸彩带一样，微微卷曲着。蒴果木质，种子黑色长卵形。一年3—4次花期。花、根、叶可药用。

红花檵木的叶色常年鲜艳可爱。叶色可分为嫩叶红（单面红）、透骨红、双面红3类栽培种。红花檵木四季可赏叶，而开花时更是瑰丽奇美，耀眼夺目，花叶俱美。且其适应性强，耐修剪，易造型，应用广泛，可做色篱、模纹花坛、灌木球、彩叶树种、盆景、桩景造型等，是南方城市及庭院理想的绿化品种。我国湖南省栽培和销售红花檵木的历史悠久，而株洲市更是将其定为市花。

## 貌似奖杯的金杯花 〉

金杯花又称金杯藤，为茄科金杯藤属植物，原产中美洲为常绿藤本灌木。花形巨硕，直径有18—20cm，杯体长约20cm，有牛皮的质地，花金黄色，似一个个金杯，故称金杯花。初花时，此花含苞不放，香味特别独特，散发出阵阵浓郁的奶油蛋糕的香味，非常好闻，可以净化空气。叶片互生，长椭圆形，浓绿色，单花顶生，全株有毒（果实除外），误吃其花叶，瞳孔会放大，手脚浮肿，产生幻觉。

## 形似五角红星的茑萝花 〉

茑萝花，又名羽叶茑萝、五角星花、茑萝松。旋花科植物，一年生缠绕草本。单叶互生，羽状深裂，裂片线形，细长如丝。聚伞花序腋生，着花数朵，花从叶腋下生出，花梗长约寸余，上着数朵五角星

状小花，鲜红色，花期7—10月。茑萝花清晨开花，太阳落山后，花瓣便向里卷起，成苞状。蒴果卵圆形，果熟期不一致，种子黑色，有棕色细毛。茑萝可入药，具有清热消肿功效，能治耳疔、痔瘘等。

茑萝花的细长光滑的蔓生茎，长可达4—5m，柔软，极富攀缘性，花叶俱美，是理想的绿篱植物。也可盆栽陈设于室内，盆栽时可用金属丝扎成各种屏风式、塔式。

123

## 大红灯笼高高挂——红球姜

红球姜是一种优良的鲜切花卉，外形酷似食用姜。最有趣的是它的花序不是生在枝叶上，而是长在由根部特别为"花宝宝"准备的无叶花茎上；圆球状的花苞片初时淡绿、再绿，成熟时花苞片变成红色，宛如火红的火炬，又像大红灯笼，鲜艳夺目，十分可爱。

红球姜，姜科姜属多年生常绿丛生草本植物。植株高1—2 m，茎秆较细，根状茎块状。叶互生，狭长披针形，先端渐尖，长15—40 cm，薄革质，叶鞘抱茎。穗状花序生于花茎顶端，花序球果状、椭圆形或卵形，夏至秋季从地下根茎生出，长12—15 cm；苞片密集，近圆形，呈覆瓦状紧密排列，幼时绿色，后转为红色，花期为夏、秋季。红球姜可作为庭院绿化、盆景等；也可作药用，具有活血祛淤、行气止痛、温中止泻等功效。

## 风吹箫鸣声——狭萼鬼吹箫 〉

有一种大灌木，它开着白色的小花，花瓣聚合成钟状，质薄而韧，花序下垂，看起来像一串串白色的小铃铛。它的茎干是空心的，天气晴朗时，在微风的吹动下，能发出浑厚悠扬的声音，有如洞箫鸣奏。更加令人称奇的是，鸟儿听到这种声音，不但不惊，反而会随着箫音的韵律欢唱起来。

这种神奇的植物名叫"狭萼鬼吹箫"，隶属忍冬科鬼吹箫属，是同属植物鬼吹箫的变种。二者分布在相同区域，但变种较为常见，其花萼裂片要比正种狭长。我园高山极地温室引种的为狭萼鬼吹箫，长势良好。

狭萼鬼吹箫生性强健，花期较长，具有较高的观赏价值和科普价值。而且全株皆可入药，具清热解毒、消炎的作用；用水煎服可治风热感冒、尿血等症，因而该植物又具有较高的药用开发价值。

## 园林新宠——越南抱茎茶 〉

茶花开花于冬春之际，花姿绰约，花色鲜艳，是中国十大名花之一，历来受文人墨客追捧。茶花这一大家族中，人们耳熟能详的是山茶花。实际上除了山茶花外，还有很多具有观赏价值，如"茶族皇后"金花茶、越南抱茎茶等。

越南抱茎茶为山茶科山茶属常绿小乔木，原产于越南，其叶狭长浓绿，互生，基部心形，与茎紧紧相抱生长，犹如竹笋，因而得名。越南抱茎茶花期为10月至4月，花色艳丽，花蕾由叶腋与干茎之间冒出，如同夹在万绿丛中的红珍珠，与狭长直上的叶片相映成趣。

越南抱茎茶喜阳，花期长，在酸性砖红壤中生长良好，是风景园林的新宠，也可作为鲜切花材料使用，极具市场价值。

## 戴"帽子"的植物——益智 〉

益智为多年生草本植物,高1—3m;茎丛生。叶片披针形,顶端渐尖,基部近圆形。总状花序在花蕾时全部包藏于酷似"高帽"状的总苞片中,花时渐脱落;花冠白色,唇瓣粉白色而中部具粉红色脉纹。蒴果圆球形,浅黄绿色。花期:3—5月;果期:4—8月。产广东、海南、广西,云南、福建有栽培。益智株形紧凑,花果均有很高的观赏性,是优良的园林观赏植物。

益智的学名为Alpinia oxyphylla Miquel,隶属于姜科山姜属。中药"益智子"就是益智干燥的果实,是我国著名的"四大南药"之一。作为药用植物,益智已有1200多年的利用历史。早在唐代陈藏器著的《本草拾遗》中有对益智的记载,并对它的原产地作了描述:"益智出昆仑及交趾国,今岭南州郡往往有之";晋代顾微《广州记》及嵇含《南方草木状》也其对形态和用途作了描述。

127

### 像荷包的花——荷包牡丹 〉

原产中国、西伯利亚及日本，是多年生宿根草本花卉。花瓣四片，外方一对红色，基部囊状；内部一对白色，伸出于外方花瓣之外，鸡心状，颇似荷包形。因叶似牡丹叶，花类荷包，故名"荷包牡丹"。

古时，在洛阳城东南200来里路，有个州名叫汝州，州的西边有个小镇，名叫庙下。这里群山环绕，景色宜人，还有一个美妙的风俗习惯：男女青年一旦定亲，女方必须亲手给男的送去一个绣着鸳鸯的荷包，这其中的含意是不言而喻的。若是定的娃娃亲，也得由女方家中的嫂嫂或邻里过门的大嫂们代绣一个送上，作为终身的信物。镇上住着一位美丽的姑娘，名叫玉女。玉女芳年十八，心灵手巧，天生聪慧，绣花织布技艺精湛，尤其是绣在荷包上的各种花卉图案，竟常招惹蜂蝶落之上面，可见功夫之深。

这么好的姑娘，提亲者自是挤破了门槛，但都被姑娘家人一一婉言谢绝。原来姑娘自有钟情的男子，家里也默认了。可惜，小伙在塞外充军已经两载，杳无音信，更不曾得到荷包。玉女日日盼，夜夜想，苦苦思念，便每月绣一个荷包聊作思念之情，并一一挂在窗前的牡丹枝上。久而久之，荷包形成了串，变成了人们所说的那种"荷包牡丹"了。

## 奇特如风车的花——白马城 〉

白马城,夹竹桃科棒棰树属。原产南非纳塔尔省和津巴布韦。白马城是肉质多刺乔木,膨大茎干呈酒瓶状,侧生分枝,表皮灰白色。叶宽椭圆形,长约6.0—6.5cm,宽约3.0—3.5cm。叶缘有细短毛,2—3枚一组集生,白色或淡红花。花瓣中间有红条纹,花形奇特,状似风车。每年秋季开花,非常迷人,值得爱好者收集。

喜温暖和阳光充足环境,生长期可以露天栽培。夏天宜适当遮荫,要求排水透气良好沙质土。冬天维持温度在5℃以上,叶片不会完全脱落,要保持盆土稍干燥,即可安全越冬。

## 思想者的花——烟斗马兜铃 〉

烟斗马兜铃花瓣淡黄色,上面布满了紫红色的斑点,像雕有花纹的精致小烟斗,非常有趣。惯用烟斗的人往往留给人成熟内敛、深沉睿智的印象,因此也有人把烟斗马兜铃称为思想者的花。

烟斗马兜铃是马兜铃科多年生常绿缠绕状草质藤本植物,茎黄绿色至绿色;单叶互生,纸质,卵状心形;花单生于叶腋,具长柄,花被合生,向上弯曲,花被筒基部膨大,中部细,上部张开成喇叭形,黄绿色,花朵自下而上呈"S"形弯曲,造型奇特,十分别致;花期11月至第二年2月。原产南美的阿根廷、巴拉圭和巴西,是一种观花、观果的优良垂直绿化植物。

YIHUAYISHIJIE

# ● 有关花的千奇百问

### 棉花是花吗? ＞

棉花并不是花,棉花植物开的花卉是乳白色或粉红色花卉。平常说的棉花是开花后长出的果子成熟时裂开翻出的果子内部的纤维。

### 柳絮是花吗? ＞

柳树的花是单性花。花没有花被,只有一个鳞片。柳的雄花有两枚雄蕊,两个蜜腺。柳的雌花有一枚雌蕊,一个蜜腺。柳的花虽然没有花被,色彩不鲜明,但具有蜜腺,是借着花蜜来引诱昆虫传布花粉的,所以它是虫媒花。

柳絮是柳的种子和种子上附生的茸毛,不是柳花。杨的花与柳的花很相似,结构也很简单,但是没有蜜腺,不能分泌花蜜引诱昆虫传布花粉,只能借风力传布花粉,所以它是风媒花。杨和柳都有毛毛虫样的花序,这种花序有雌雄之分,老熟时整个脱落,雌花絮中的果实裂成两瓣,具有白色茸毛的种子就随风飘散出来。

130

## 无花果真的不开花吗？ >

　　无花果名字是由于古人的粗心错误而得名。其实它并不是无花就结果。一般植物，是花托把花萼、花冠、雄蕊、雌蕊抬得高高的，来吸引蜂来蝶往。无花果的花却静悄悄地，隐在新枝叶腋间，它的雄花雌花都躲藏在囊状肥大的总花托里。总花托顶端深凹下去，造成一间宽大的房子。由于总花托把雄花雌花从头到脚都包裹起来了，人们看不见，就以为无花果是不开花的。

## 为什么铁树不容易开花？ >

　　铁树本名苏铁，别名铁甲松、凤尾蕉等，为苏铁科苏铁属常绿小乔木，是一种美丽的观赏植物，也是一种古老的裸子植物。是现存种子植物中最原始的一种，有"活化石"之称，也是世界上重点保护的濒危植物。它树形美观，四季常青。一根主茎拔地而起。四周没有分枝，所有的叶片都集中生长在茎干顶端。铁树叶大而坚挺，形状像传说中的凤凰尾巴。为此，人们又把铁树称为"凤尾蕉"。

　　铁树生长缓慢，每年自茎顶端能抽生出一轮新叶，且不易看到开花，故有"千年铁树开花"的说法。铁树一般在夏天开花，它的花有雌花和雄花两种，一株植物上只能开一种花。这两种花的形状大不相同：雄花很大，好像一个巨大的玉米芯，刚开花时呈鲜黄色，成熟后渐渐变成褐色；而雌花却像一个大绒球，最初是灰绿色，以后也会变成褐色。由于铁树的花并不艳丽醒目，而且模样又与众不同，不熟悉的人大多视而不见。这也许是人们觉得铁树开花十分罕见的一个原因。铁树的老家在热带、亚热带地区，它天性喜热怕冷。在我国云南、广东等地，铁树开花是正常的现象，不足为奇。

## 为什么竹子开花后会死？

竹子是多年生的木质化植物，具有地上茎(竹杆)和地下茎(竹鞭)。通常情况下，竹叶制造的养分用来使竹杆长高、长粗、长枝叶及长根，多余的养分运到竹鞭。竹鞭上的芽萌发，在土中逐渐肥大，并不屈不挠地向上顶，出土后，就是鲜嫩的竹笋。它长大后又变成郁郁葱葱的竹子。竹子一般要活十几年或几十年才开花、结籽。但是，如果遇到特殊不良环境，如干旱异常、严重的病虫害或营养不足等，竹子也会提前开花。竹子开花时，竹叶制造的所有养分都用来开花、结籽。竹子倾其所有，把精华都浓缩到种子中。开完花结完籽，竹子中贮藏的养分也耗光了，它也完成了自己的使命。

132

### 啤酒中使用的是啤酒花的雌花 ＞

啤酒花是雌雄异株，只有雌花可用于酿酒。雌花的叶片与花茎接触点的腺体产生的芬芳。啤酒花本身就是一种天然的防腐剂，它在赋予啤酒特别香味的同时，也延长了啤酒的保存期。经过过滤的麦芽浆加雌啤酒花在100℃烹饪程序下的得到麦芽汁。

### 为什么山上的桃花开得晚？ ＞

因为山上的气温比较低一些，海拔平均升高100米，气温就下降0.6℃左右。植物开花一般都是气温达到一定的值才会开放的，如果山下的气温现在是20℃，刚好是某种花开放最适宜的温度，这种植物的花就会开了。而山上的气温可能要过半个月之后才能达到20℃，因而也就开得晚半个月左右。有句诗叫"人间四月芳菲尽，山寺桃花始盛开"就是这个道理的。

## 为什么腊梅在冬天开花？ ＞

　　大多数植物都在春天和夏天开花，可是腊梅却与众不同。它在温暖的季节里只长叶子不开花，偏偏要到寒冷的冬天，才会开花。原来，各种花都有不同的生长季节和开花习惯。腊梅不怕寒冷，0℃左右是最适合它开花的温度，所以腊梅总是要到冬天才开花。

## 为什么菊花不怕冷？ ＞

　　到了冬天，水很容易结冰，但如果你在一杯水中加上糖溶化后，它就不会结冰，水中含糖量越高，就越不容易结冰。菊花不怕冷，就是因为菊花体内含有许多糖分，所以在寒冷结冰的气候中也能够开放出美丽的花朵。

## 牵牛花为什么早上开中午谢？ ＞

　　所有的植物都有自己的生长规律，有不同的开花时间。清晨，气温不高，阳光柔和，牵牛花就张开它的花，一到中午，阳光很强，气温逐渐升高，牵牛花就失去水分，慢慢地蔫了。牵牛花的位置大多数在一些空气湿润的地方，它的花冠大，而一到中午，天气十分炎热，牵牛花的水分又蒸发得快，所以，只能在早晨才看到牵牛花。

## 为什么花盆底部留有孔？ >

花盆底部这个小洞的用处还挺多。比如当你浇的水多了，植物的根喝不了，剩下的就可以从这个小洞流出去，使花盆中土壤的湿度保持相对恒定。另外，植物的根也需要新鲜空气，这个小洞还可以让新鲜的空气进来，使植物长得更好。

## 为何有些花要在白天盛开？ >

在常见的植物中，大多数是在白天开花。这是因为清晨在阳光下，花的表皮细胞内的膨胀压大，上表皮细胞（花瓣内侧）生长得快，于是花瓣便向外弯曲，花朵盛开。花儿白天开，在阳光下，花瓣内的芳香油容易挥发，加上五彩缤纷的花色，能够吸引许多昆虫前来采蜜。昆虫采蜜时便充当了花的"红娘"，为花儿传授花粉，繁殖后代。

## 向日葵什么时间向日？ ＞

答案是：要看处于什么生长阶段。工具书那样笼统地说向日葵"常朝着太阳"，是不准确的。向日葵从发芽到花盘盛开之前这一段时间，的确是向日的，其叶子和花盘在白天追随太阳从东转向西，不过并非即时的跟随，植物学家测量过，其花盘的指向落后太阳大约12度，即48分钟。太阳下山后，向日葵的花盘又慢慢往回摆，在大约凌晨3点时，又朝向东方等待太阳升起。在阳光的照射下，生长素在向日葵背光一面含量升高，刺激背光面细胞拉长，从而慢慢地向太阳转动。在太阳落山后，生长素重新分布，又使向日葵慢慢地转回起始位置，也就是东方。但是，花盘一旦盛开后，就不再向日转动，而是固定朝向东方了。向日葵的花粉怕高温，如果温度高于30℃，就会被灼伤，因此固定朝向东方，可以避免正午阳光的直射，减少辐射量。花盘一大早就受阳光照射，有助于烘干在夜晚时凝聚的露水，减少受霉菌侵袭的可能性，而且在寒冷的早晨，在阳光的照射下使向日葵的花盘成了温暖的小窝，能吸引昆虫在那里停留帮助传粉。

## 为什么有的花要在夜晚开放？ >

那么，为什么有的花偏偏喜欢在晚上开放，而且花朵大多数是白色的呢？植物要开花，是为了吸引昆虫来传花粉。植物在夜里开的花，最初也是多种多样的颜色，但是由于白花在夜里的反光率　最高，最容易被昆虫发现，因此，在长期的发展演化过程中，夜里开白花的植物被保存了下来，而夜里开红花、蓝花的植物，因为不容易被昆虫发现并为它传授花粉，而失去了繁衍后代的机会，逐渐被淘汰了。

## 为什么昙花开花时间非常短？ >

昙花并不罕见，但花时极短，很少有人亲眼一见。昙花通常在夏秋时节夜深人静之时，开大型白色花，花漏斗状，有芳香。晚上9时左右是它撩开迷人芳姿最多的时候，整个花朵优美淡雅，香气四溢，光彩照人。因此享有"月下美人"之誉。

有趣的是，当花渐渐展开后，过1—2小时又慢慢地枯萎了，整个过程仅4个小时左右。故有"昙花一现"之说。

成语"昙花一现"是比喻事物一出现，很快就消失了，原意却是指一种有趣的植物开花现象。昙花属于仙人掌科植物家族，它和家族中的大部分成员都有个特点，就是开花时间极短。花世世代代生活在中美洲和南美洲的热带沙漠地区。沙漠中白天和晚上的温差变化很大，白天气温高，非常火热，而晚上气温较低，凉快得多。昙花选择晚上四五个小时内开花，而到翌日清晨就凋谢，这样，娇嫩的花朵不会被强烈的阳光晒焦。这种特殊的开花方式，使它能在干旱炎热的严酷环境中生活，繁衍后代。久而久之，这种习性便一代一代地遗传下来了。

### 植物会欣赏音乐吗？ >

科学实验证明，植物确实能欣赏音乐。如印度有一位音乐家让水稻听25分钟音乐，结果发现了听音乐的水稻比没有听音乐的平均产量高出许多。后来，对黑藻、含羞草、烟草、凤仙花等植物进行试验，也发现它们对音乐有灵感。

### 植物能"监测"地震吗？ >

在地震多发的日本，科学家研究发现，含羞草等植物可以用来预测预报地震。在正常情况下，含羞草的叶子白天张开，夜晚合闭。如果含羞草叶片出现白天合闭，夜晚张开的反常现象，便是发生地震的先兆。

那么，植物为什么能预感到地震即将来临呢？科学家研究认为，地震在孕育的过程中，由于地球深处巨大的压力，便在石英石中造成电压，同时产生了电流，植物根系受到地层中电流的刺激，体内就会出现相应的电位变化，引起反常现象。

### 荷花为什么出污泥而不染？ >

莲花和莲叶，的确是从污泥中长出来的。莲叶表面还密生柔毛，叶柄上有小刺，但它们从污泥中挺出水面后，却一尘不染。这是因为，在莲花和莲叶的表面布满了一层蜡质白粉，并有许多乳头状的突起，这些突

为什么植物能欣赏音乐呢？原来，音乐的声波能使植物表面的气孔增大，从而促进植物的生命活动。因为气孔的扩大有利于二氧化碳、氧气及水分进出，从而加强了光合作用和蒸腾作用。科学家经过研究，已经掌握了一定的植物喜欢何种音乐的数据，也许将来会在实际的生产、生活中推广应用。

起内充满了空气。正是这些结构挡住了污泥浊水的渗入。当花芽和叶芽从污泥中抽出来时，就算有些污泥附在芽上，由于芽表面有蜡质薄膜，在迎风回荡中也被冲洗无遗。待挺出水面后，自然是光洁可爱了。

## 为何玉兰树先开花，后长叶？ 〉

　　玉兰的花和叶都是在上一年的秋季就形成了，藏在枝芽里面。冬季你可以观察玉兰的枝条，会发现上面有一个个小小的凸起物，那就是玉兰的芽。 玉兰与多数植物的不同之处是：它的花芽比较不怕冷，而它的叶芽又比较怕冷，花芽和叶芽对气温的要求不一样。 所以，在春季气温还不太高的时候，玉兰的花朵就能开放了。但是这时长出的嫩叶容易冻坏，要等到天气再暖和一些，娇嫩的叶片才能破芽而出！

## 为什么水仙花"喝"清水就能生长开花？〉

水仙花为什么只靠"喝"清水就能生长得这么好呢？秘密在于它根部的鳞茎。鳞茎饱满充实，水仙就长得茂盛壮实，鳞茎瘦小干枯，水仙恐怕连花都开不出来。花开过之后，鳞茎的任务完成了，"粮食"也没有了，它就萎缩下去了。繁殖水仙的球根有两种方法。第一种叫做分球繁殖，就是将大鳞茎周围长出来的小鳞茎剥下来，在9—10月份的时候把它们分别栽种起来，这样就长成了新的小水仙球，第二种叫做种子繁殖，就是把它的种子在9—10月份播种在土壤里，培育成苗。一个能开花的鳞茎要经过几年栽培呢？分球繁殖法要用2—3年，种子繁殖法要用4-5年。

## 圣诞花是红色的吗？ 〉

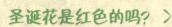

圣诞花的红色叶子实在太抢眼了，人们常会把它误当成是圣诞花的花瓣。其实在圣诞花的红色叶子中间，那黄色的部分才是真正的花，不过因为花太小了，所以并不显眼。

## 为什么夜来香在夜里发出香味？ 〉

夜来香是靠夜间活动的飞蛾来传送花粉的，所以它要在夜间发出香气吸引飞蛾。夜来香花瓣的构造与其他一般的花不同，花瓣上的气孔可以随着空气湿度的增大而张大。夜里没有太阳，空气中的湿度增大，于是夜来香花瓣上的气孔张大，花瓣里的挥发油就能够挥发出来，我们就能闻到浓浓的香味了。

## 为什么一朵葵花会结出许多瓜子？ 〉

向日葵的大花盘粗看好像一朵花，但是，实际上它是由好几百朵小花组成的。这几百朵小花到秋天就结成了瓜子。向日葵花盘里的花朵靠外面的先开，瓜子的生长期长，瓜子结得又大又饱满；靠里的花朵后开放，有的时候会有许多瘪瓜子。

## 吃花从什么时候开始? 〉

在先秦时代, 屈原的《离骚》就曾指出: "朝饮木兰之坠露兮, 夕餐秋菊之落英。" 在当时的士大夫阶层中, 食花与洁身养性联系在一起。《神农本草经》中也提到食用菊花会 "服之轻身耐老"。

唐宋时期是古代食花文化最为兴盛的时期。唐代有重阳节食用菊花的习俗。到了宋代, 食花文化得到了进一步发展, 这一时期用于食用的花卉种类繁多, 烹饪方法也更加丰富。宋代还出了一本专门的花卉食谱《山家清供》, 收录了梅粥、雪露羹等10多种食花方法。

明清时期流行采集鲜花用蒸馏法制作香露, 以调味料的形式添加到酒和汤中, 这是食花历程中的一大进步。明代高廉的《遵生八笺芳》中记录了多种可食用花卉。戴羲的《养余月令》载有食用花卉18种。据史料记载, 清朝的慈禧太后对花卉食品情有独钟, 宫廷御厨为了迎合她的喜好, 开发出许多花馔食品, 而且流行至今。

目前, 在一些传统菜系中还保留了鲜花入馔的习惯, 如鲁菜中的桂花丸子、京菜中的芙蓉鸡片、沪菜中的荷花栗子、粤菜中的白菊花五蛇羹等。

近年来, 国外也悄然兴起食花热。南美洲人喜欢

吃新鲜的旱金莲花；东欧国家喜欢用玫瑰花瓣煮果酱；土耳其人用茉莉花和紫罗兰制作甜食；日本和欧美各国则将大波斯菊、雏菊、秋海棠、三色紫罗兰、金盏花、接骨木花、葫芦花、南瓜花、玫瑰花推上餐桌，其中以花卉为主料的沙、点心等备受欢迎；而在东南亚各国，用罗勒等香草植物制作的风味菜肴成为特色菜品。

中国菜最讲究色、香、味，鲜花入馔恰好满足了这些需求。鲜花花瓣色彩艳丽，而且口感不错，配入菜中会让人食欲大开。鲜花中富含蛋白质、脂肪、糖类、氨基酸以及人体所必需的维生素A、B、C、E和多种微量元素，如铁、锌、钾等，是真正的绿色食品。

目前，我国可供食用的花卉有梅花、菊花、玫瑰、百合、茉莉、荷花、丁香、桂花、木槿、栀子花、金银花、海棠花等100多种。在我国，花卉食用有着深厚的中医药学背景，比如百合具有润肺止咳、清心安神的功效；金银花有清热解毒的作用；食用仙人掌具有利尿的作用并且对，治疗肾炎、糖尿病等有很好的辅助疗效。这些特点使得花卉成为理想的保健食品。遗憾的是，目前花卉的食用功能没有得到很好的开发，食用花卉还没有形成产业。

**图书在版编目（CIP）数据**

　　一花一世界/周丹编著 . —北京：现代出版社，
2013.2
　　ISBN 978-7-5143-1411-3

　　Ⅰ．①一… Ⅱ．①周… Ⅲ．①花卉–青年读物②花
卉–少年读物 Ⅳ．①S68-49

中国版本图书馆CIP数据核字(2013)第025436号

# 一花一世界

| | | |
|---|---|---|
| 编　　著 | 周　丹 | |
| 责任编辑 | 李　鹏 | |
| 出版发行 | 现代出版社 | |
| 地　　址 | 北京市安定门外安华里504号 | |
| 邮政编码 | 100011 | |
| 电　　话 | (010) 64267325 | |
| 传　　真 | (010) 64245264 | |
| 电子邮箱 | xiandai@cnpitc.com.cn | |
| 网　　址 | www.modernpress.com.cn | |
| 印　　刷 | 汇昌（天津）印刷有限公司 | |
| 开　　本 | 710×1000　1/16 | |
| 印　　张 | 9 | |
| 版　　次 | 2013年3月第1版　2021年3月第3次印刷 | |
| 书　　号 | ISBN 978-7-5143-1411-3 | |
| 定　　价 | 29.8元 | |